情商原理与提升方法

蔡 敏 著

图书在版编目(CIP)数据

情商原理与提升方法/ 蔡敏著. —北京：北京大学出版社，2018.4
ISBN 978-7-301-29196-2

Ⅰ.①情…　Ⅱ.①蔡…　Ⅲ.①情商—通俗读物　Ⅳ.①B842.6-49

中国版本图书馆CIP数据核字（2018）第020625号

书　　　名	情商原理与提升方法 QINGSHANG YUANLI YU TISHENG FANGFA
著作责任者	蔡　敏　著
策划编辑	李　玥
责任编辑	李　玥
标准书号	ISBN 978-7-301-29196-2
出版发行	北京大学出版社
地　　　址	北京市海淀区成府路205号　100871
网　　　址	http://www.pup.cn　　新浪微博：@北京大学出版社
电子邮箱	编辑部zyjy@pup.cn　　总编室zpup@pup.cn
电　　　话	邮购部 010-62752015　发行部 010-62750672　编辑部 010-62704142
印　刷　者	北京虎彩文化传播有限公司
经　销　者	新华书店
	787毫米×1092毫米　16开本　14印张　223千字 2018年4月第1版　2024年1月第3次印刷
定　　　价	35.00元

未经许可，不得以任何方式复制或抄袭本书之部分或全部内容。
版权所有，侵权必究
举报电话：010-62752024　电子邮箱：fd@pup.cn
图书如有印装质量问题，请与出版部联系，电话：010-62756370

序

现在回想起来，自己真正开始注意"情商"还是在十多年以前。我清晰地记得，有一次在学校报告厅听一个关于"如何提升领导干部自身素质"的讲座，当时那位演讲人员给"情商"下了这样一个定义：情商就是一个人在任何场合或情境中都能做出最佳反应的能力。在听完那个讲座之后，虽然我也多次对别人做过这样的解释，但心里却明显地感到这个关于情商的定义既不完整也不清晰，所以逐渐产生了对于情商的许多疑问。情商到底是什么？它是由哪些具体的心理能力构成的？情商会随着年龄的增长而提升吗？情商对于一个人的生活和工作真的非常重要吗？人的情商是否可以通过培养而得到提升？对于这些迷惑不解的问题，我带着寻找答案的冲动和好奇心，开始了破解情商奥秘的探究之旅。

在查阅大量国内外相关文献资料以后，我发现西方学者早在20世纪80年代中期就提出了情商理论，开始了对它的系统研究。情商是一个具有丰富内涵的概念，并不像人们通常所说的那样简单，只是"会处理人际关系""具有抗压能力"等。实际上，从它的构成来看，情商是一个包含多种能力的综合心理品质。对于情商的结构，尽管国外研究者提出了不尽相同的观点，但他们都认为对于情绪的感知、理解、管理和利用是构成情商的基本要素。如果按照比较复杂的情商理论去界定，情商包括了16种心理能力。由此看来，人们对于情商含义的理解需要深化，应当从本质上认识它。

心理学家们在构建情商理论的同时，也在不断地探究情商对于人所产生的影响。在开展了大量实际调查和个案追踪之后，他们得出了一致的结论——情商对于人的一生的影响是巨大的。无数的实例证明，情商对于一个人的事业成功和生活幸福的贡献，要远远大于智商所起的作用。这个事实告诉我们,人在努力增加知识储备和训练大脑以提高智商水平的过程中,更应当着力提升自己的情商水平。人只有具备了较高的情商,才真正拥有了把握个人命运、创造美好生活的根本能力。

随着人类对于情商重要性的认识不断加深,国际上一些研究情商的专家开始探索如何衡量人的情商水平,研制了许多科学的情商测量工具。经过长期和大范围的测评,研究者们发现,人的情商是随着年龄的增加而提升的,它不像智商那样到了一定的年纪就停止了发展。而且,在不同性别、种族和地域之间并没有发现人的情商存在明显的差异。这个重要的发现极大地增强了人们对于提升情商的信心,同时也激发了培养情商的热情。在世界上许多国家,纷纷涌现出了一些从事情商培养与训练的专业人员和培训机构。他们试图通过运用科学和系统的训练方法,有效地提升人的情商。众多研究结果表明,情商的确是可以培养的,而且效果非常明显,经过训练的人能够显著地提升情商水平。

在对情商进行了许多年的细致研究之后,我深深地感到,情商是每一个想要获得成功与幸福的人首先应该练就的"本领",它能让人的生命大放异彩。人有了高情商,就能在人生的道路上随时做出智慧的决定,采取正确的行动,战胜所遇到的困难与挫折,始终保持良好的生命状态。对于如此重要的"东西",我们不能再抱着轻视的态度了。七年前,我带着一颗提升个人情商的追求之心,也怀揣帮助更多的人了解和发展情商的热切愿望,开始在学校里和社会上讲授情商课程和开设情商讲座。每一次教学过程都使自己成为第一个受益者,总是感悟深刻、收获良多,都能清楚地察觉到心灵的成长。与此同时,情商教学也让听者们得到了很多启发和帮助。当看到他们在学习情商知识和练习情商技能之后发生了特别大的变化的时候,我心里感到无比的兴奋和喜悦。

为了更加有效地传播情商理论和提供情商训练方法,我将多年的教学资料、体会与经验加以提炼和扩充,撰写出这本《情商原理与提升方法》。本书清晰地介绍了情商的基本理论,能够使人读后全面地了解情商的内涵。在阐释情商原理时,我尽量以容易理解的方式进行陈述,所以,即使是没有心理学基础的人也能读懂其中的内容。在讲述每一种情商能力时,我尽量插入真实的案例,以便使读者更容易看到情商与现实生活的紧密关系。为了使读者加强对于情商的理解与运用,我还在每一章后面布置了一些很重要的课后自我训练。情商的提升不能仅靠知道其理论，最关键的是要随时随地运用情商，只有不断地实践，才能使情商真正成为稳定的内在心理品质。因此，如果读者能够认真地完成书中的每一个练习题，在生活中不断地修炼自己，就一定能够大幅度地提升自己的情商。

本书的使用范围非常广泛，适用于各个年龄段的读者，也能用于不同的目的。它不仅可以作为个人提升情商的指导书，也可以当成团体情商训练课程的教材，还能作为进一步开展情商研究的参考资料。在可能的情况下，使用者最好从头至尾地阅读本书，以便能够全面地了解和掌握情商理论，系统地开展情商自我训练。当然，读者也可以根据个人的实际需要选取相关的内容，进行有目的的阅读，重点培养和训练那些亟待提升的情商能力。

在本书付梓之际，我要衷心地感谢北京大学出版社的支持和帮助，是他们对于普及情商知识的热情和对本书出版所付出的极大努力，使得这本书能够很快与读者见面。这里还要感谢参加情商课程的大学生和参加情商讲座的各界听众，是他们对于学习情商知识的渴望与认真的态度，以及在情商训练中的丰富体验和不断成长，给了我完成本书的巨大精神鼓舞。此外，我还要感谢那些对于情商研究做出卓越贡献并且取得了丰硕成果的中外学者，是他们的学术著作、论文和研究报告，为我的研究提供了重要的参考和借鉴，使我受到了许多颇有深度的启发。最后，我要特别感谢我的先生孙效斌，他在我写作本书的过程中给予了我很大的精神支持和生活上的体贴，并且常常与我谈论有关情商的话题，使我不但能够更加专心于写作，而且还有了更多的想法和灵感。

对于情商的研究，本人还在探索的路上，仍有许多问题有待回答，所以，书中难免有不完善的地方甚至不当之处。在即将落笔之时，我诚恳地希望广大读者能够对本书给予及时和中肯的指教，提出宝贵的意见与建议，从而使情商的研究更加深入和系统，在此深表诚挚的谢意！

愿你们拥有宝贵的情商，获得永远的幸福！

蔡 敏

2018年3月20日

于辽宁师范大学

目　　录

情商导论 /001
 一、"情商"是什么 /001
 二、情商真的很重要吗 /004
 三、情商可以提升吗 /007
 四、怎样提升自己的情商 /010

第一课　认识自我 /013
 一、认识自我的重要意义 /013
 二、认识自我的难度 /016
 三、察觉自己的情绪 /016
 四、全面认识自我 /021
 五、认识自我的方法 /024
 课后自我训练 /026

第二课　自我尊重 /029
 一、自我尊重的重要性 /029
 二、自我尊重的含义 /030
 三、关于自我尊重的几点提示 /033
 四、自我尊重感的提升 /035
 课后自我训练 /039

第三课　自我实现 /041
 一、自我实现的内涵 /042
 二、自我实现的作用 /043

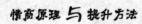

  三、自我实现的方法 /045
  四、自我实现的人物榜样 /048
  课后自我训练 /051
 第四课 情感表达 **/053**
  一、情感表达的重要性 /054
  二、良好情感表达的特征 /056
  三、错误的情感表达方式 /061
  课后自我训练 /065
 第五课 自立 **/067**
  一、自立的表现 /068
  二、自立的人物榜样 /069
  三、自立能力的培养 /072
  四、关于自立的提示 /075
  课后自我训练 /078
 第六课 自信 **/079**
  一、自信的益处 /080
  二、自信的能力要素 /081
  三、自信的外在特征 /082
  四、自信心的训练方法 /084
  课后自我训练 /090
 第七课 人际关系 **/093**
  一、人际关系的重要性 /094
  二、良好人际关系的特征 /095
  三、影响人际关系的心理因素 /098
  四、建立良好人际关系的具体方法 /100
  课后自我训练 /104
 第八课 同理心 **/105**
  一、同理心的重要性 /106
  二、同理心的内涵 /106

三、同理心的辨析　　　　　　　　　　　　/110
　　四、同理心的具体表现　　　　　　　　　　/111
　　五、同理心的培养　　　　　　　　　　　　/113
　　课后自我训练　　　　　　　　　　　　　　/116

第九课　社会责任感　　　　　　　　　　　　**/117**
　　一、社会责任感的含义　　　　　　　　　　/118
　　二、履行社会责任的有益回报　　　　　　　/123
　　三、社会责任感的培养　　　　　　　　　　/124
　　课后自我训练　　　　　　　　　　　　　　/127

第十课　现实判断　　　　　　　　　　　　　**/129**
　　一、现实判断的正确方法　　　　　　　　　/130
　　二、现实判断的常见困惑　　　　　　　　　/133
　　三、现实判断能力的培养　　　　　　　　　/136
　　课后自我训练　　　　　　　　　　　　　　/138

第十一课　问题解决　　　　　　　　　　　　**/141**
　　一、问题解决中的常见错误　　　　　　　　/142
　　二、问题解决能力的表征　　　　　　　　　/145
　　三、问题解决的基本步骤　　　　　　　　　/147
　　课后自我训练　　　　　　　　　　　　　　/151

第十二课　冲动控制　　　　　　　　　　　　**/153**
　　一、情绪冲动的常见表象　　　　　　　　　/154
　　二、情绪冲动的主要危害　　　　　　　　　/156
　　三、冲动控制能力的行为表征　　　　　　　/159
　　四、冲动控制的训练方法　　　　　　　　　/162
　　课后自我训练　　　　　　　　　　　　　　/164

第十三课　灵活性　　　　　　　　　　　　　**/165**
　　一、灵活性的重要作用　　　　　　　　　　/165
　　二、灵活性的含义及其具体表现　　　　　　/167
　　三、灵活性辨析　　　　　　　　　　　　　/170

四、灵活性的培养与训练方法 /172
　　课后自我训练 /175

第十四课　压力承受　/177
　　一、压力的来源 /178
　　二、压力的变化 /179
　　三、压力的症状 /181
　　四、压力承受能力的主要表现 /185
　　五、预防和减轻压力的方法 /187
　　课后自我训练 /188

第十五课　乐观　/189
　　一、乐观的含义 /189
　　二、乐观的重要作用 /191
　　三、乐观与悲观的比较 /192
　　四、乐观精神的培养 /195
　　课后自我训练 /199

第十六课　快乐　/201
　　一、快乐的含义 /202
　　二、快乐与幸福的关系 /203
　　三、快乐与不快乐的表现 /204
　　四、影响快乐感的心理因素 /206
　　五、培养快乐感的方法 /209
　　课后自我训练 /211

参考文献　/212

情商导论

在现今社会里，大多数人都听过"情商"这个词儿，而且似乎都有自己的理解。有的人把情商看成是"处理人际关系的技巧"，也有人认为它是"抵抗心理压力的能力"，还有人将它理解成"遇事能够灵活应变的本领"。总之，人们对于情商的解读是五花八门的，很少听到相对一致的解释。从这一现象来看，非常有必要澄清情商这个概念，从原理上搞清楚它的内涵。

虽然很多人还不了解情商的完整和确切的含义，但是都会承认它对于人的生活和成功是至关重要的。所以，人们常用"情商高"来评价那些有成就的人，认为他们在工作中和生活中的顺利和如意都是由高情商所导致的，与此同时，许多人也希望能够不断地提高自己的情商水平。然而，由于缺乏对于情商的透彻理解，更不知道应当如何培养自己的情商，所以想成为一个高情商的人的美好愿望就很难实现。为了帮助读者能够全面地认识情商，并且掌握提升情商的自我训练方法，我们在系统讲解每一种情商能力之前，先来回答几个常常被问到而且非常重要的问题。希望这些解答能够使读者获得对于情商的基本了解，认识到情商的重要性，唤起培养和发展情商的动机和热情，从此进入训练、应用和提升情商的崭新的人生阶段。

一、"情商"是什么

追溯情商概念的缘起，我们得把时光推回到20世纪80年代。1980年，曾经荣获"罗德学者"荣誉的以色列心理学家鲁文·巴昂开始研究情感对于人的影响。虽然在此之前也有许多心理学家对于人的情感开展了一些研究，但都没有巴昂研究得那么系统和深入。他对一些关于人生的重要问题产生了浓厚的兴趣,并试图通过缜密的研究来回答这些问题:为什么一些人生活得比常人更快乐?是什么使有些人更容易取得成功?一些头脑非常聪明的人为什么没有大的作为?而一些天资平平的人却成就非凡?经过了几年的研究之后,巴昂于 1985 年得到了初步的答案。他认为,人的成功由一系列相互联系但又完全不同的心理技能和态度所决定,集合起来就是"情商"。按照他的研究结论,情商由 5 个维度构成,一共包括 15 种能力,组成一个具有科学依据的测试指标体系,用"情绪商数"(Emotional Quotient)或"情商"(EQ)来表示。情商是相对于智商(Intelligence Quotient,简称 IQ)而言的心理学概念,属于人的非智力因素范畴。1996 年,在反复而且严谨的实证研究的基础上,巴昂在加拿大多伦多举行的美国心理学会的会议上正式提出了情商模型(EQ-i)。此模型立刻得到了该学会的批准,并由此得到了美国心理学界乃至社会各界的广泛关注。

在提出这个情商模型之后,巴昂与美国多维健康系统(Multiple Health System,以下简称 MHS)的首席专家史蒂文·斯坦进行合作,继续深入研究和验证情商的构成。经过 15 年的研究,他们于 2011 年将情商模型升级为 EQ-i 2.0 版。新的情商模型包括 6 个维度,共含 16 种心理能力,详见表 0-1。

表 0-1　EQ-i 2.0 的维度及其所属能力

情商的维度及能力	能力表述
自我知觉维度	
自我认识	明白、理解自身感受及其影响的能力
自我尊重	了解并接受自身优势和劣势的能力
自我实现	提高自己和追求有意义的目标的能力
自我表达维度	
情感表达	用语言和非语言的方式表达自己情感的能力
自立	独立自主、不在情感上依赖他人的能力
自信	以温和的方式表达感情、观点和想法的能力
人际维度	
人际关系	建立并维持令双方满意的关系的能力
同理心	认可、理解和欣赏他人的感受的能力
社会责任感	为社会、所属的社会团体及他人的幸福而奉献的能力

续表

情商的维度及能力	能力表述
决策能力维度	
现实判断	客观看待事物的能力
问题解决	合理利用情绪解决问题的能力
冲动控制	忍住或延迟引发不利行为的冲动、动力的能力
压力管理维度	
灵活性	调整自己的情感、想法、行为以适应变化的能力
压力承受	有效应对紧张或困难局面的能力
乐观	不怕挫折、保持信心和冷静的能力
整体幸福感	
快乐	对自己、别人和生活感到满意的能力

在巴昂对情商进行研究的同时，还有一些学者也对其开展了探究。1990年，耶鲁大学心理学教授彼得·萨洛维和新罕布什尔大学心理学教授约翰·梅耶首次提出了"情绪智力"（Emotional Intelligence）的概念，将其定义为"能够监控和区分自己和他人的感受和情绪，并利用得到的信息来指导自己的思维和行动的能力"。1997年，他们对情绪智力的定义进行了修正，认为情绪智力应包括4个维度，即准确地感知自身和他人情绪的能力、利用情绪帮助思考和形成决定的能力、能够理解自身和他人情绪的能力、有效地管理自己和他人情绪的能力。

1995年，哈佛大学心理学博士丹尼尔·戈尔曼撰写了《情商》一书，对前人在这个领域的研究进行了总结。他打破了传统的"智商至上"的人才培养观念，提出了"情商为重"的教育理念。戈尔曼的情商模型包括自我意识、自我管理、社会意识和人际关系管理4个维度。他认为，智商对于一个人成功的作用只有20%，其余80%则来自其他方面，其中最重要的是情商。这一论断使得情商培养成为当代一种新的教育思潮。目前，学术界还有其他一些情商模型，并且更多的模型正处于探索和验证阶段，情商研究呈现出欣欣向荣的景象。

相比较而言，鲁文·巴昂的情商模型所包含的能力更全面，与人的生活和工作的关系更加紧密，尤其对于开展情商培养的实践指导意义更大。因此，本书将以该情商模型作为理论依据，对其中的每一种情商能力展开分析和讨论，并带领读者进行有效的情商自我训练。

二、情商真的很重要吗

心理学家们在提出各自的情商模型之后，便开始系统地研究情商对人的各个方面的影响，验证情商所发挥的重要作用。史蒂文·斯坦带领的MHS测评公司在这方面做了大量而且卓有成效的工作。该公司进行了最大范围的情商测试，覆盖了66个国家的100多万人，其目的是全面和深入探查情商与人的成功的关系。他们特别选取了各行各业的精英，采用经过反复验证的科学的情商测评工具，对其样本进行详细的测试，发现了很多有价值的研究结论。下面报告他们获得的一些有代表性的测评结果以及其他一些相关的研究案例。

1. 情商与商业成就

MHS测评公司的研究结果显示，情商与商业职场上的成功有着密切的关联。1997年，他们对在菲律宾第五大金融机构——种植者银行（Planters Bank）工作的100位一线员工用EQ-i测评表进行了情商测试，并且还用智商测评工具做了智商测试。其数据结果表明，智商对工作表现的影响不到1%，而情商占了27%。另一项对加拿大最大的帝国商业银行的员工测评也显示，工作业绩（负责处理拥有跨国投资的大客户的资产项目）与情商之间高度相关，情商对于订单销售的影响是32%，对于渠道销售的影响是71%。心理学家马丁·塞利格曼在美国大都会人寿保险公司也进行了一次有代表性的测评。他发现，在"乐观"（一种重要的情商能力）一项得分高的销售人员比得分低的人的业绩高出33%，而且在两年之后业绩高出了50%。正因为高情商能够使人取得突出的工作业绩，所以情商高的人自然就会获得高的经济收入。情商与收入之间存在着非常密切的关联，已经是被许多情商研究所证实的结论。

2. 情商与领导才能

为了解情商与领导力的关系，MHS测评公司对一组年轻总裁进行了情商测试。在测试前，他们对被测人员作了严格的界定：年龄在39岁以下；职位是不少于60位雇员的公司总裁或首席执行官，年收益超过500万美元。经过科学的测试之后,研究人员发现,在他们所做过的几百次测试中,该人群的得分是最高的,在一些情商能力上与普通人的差异非常大。首先,他们的灵活性很强,能够及时发现和把握机会,只要时机来临,绝不错过,马上采取行动。其次,他们的独立性很强,能够在创业时没有现成模式可以遵循、不可能与人讨论的情况下,独自做出关键性的决定。再次,他们的自信心非常强,尤其在事业起步阶段,他们一直很相信自己的能力,认为能够解决所有的业务问题和困难。最后,他们处理人际关系的能力很强,具有较高水平的同理心,善于与他人一起工作,能够带领团队成员一道实现公司的目标。

3. 情商与教学业绩

MHS 公司用 EQ-i 对上千名教师进行过情商测试,发现教师的工作效果与情商有直接的关系。他们曾给一所中型私立学校的全体教师做过一次情商测试,并且将其结果与教师的年终评价结果相比较。这所学校要求教师采用如下方法来呈现自己的工作业绩:①写出全面的书面自我评价;②向学校管理委员会汇报自己的工作情况;③提供优秀学生的个案;④详细总结自己所教班级取得的成绩。在综合这些评价内容的基础上,学校评选出了 5 名最优秀的教师。HMS 公司的研究人员分析了这 5 位教师的情商测试结果,发现他们在许多项目上都比其他教师的分数高很多,表明他们的确是具有高情商的教师。还有一项研究是对 257 位小学教师和 157 名中学教师进行情商测试,同时要求那些教师对自己的工作表现打分。教师自我打分的结果为:13% 的教师认为自己的表现不及平均水平,60% 的教师认为自己处于平均水平,27% 的教师认为自己高于平均水平。在进一步的分析中,研究人员发现,认为自己高于平均水平的那组教师具有最高的情商得分。他们的最高得分项是"乐观",并且在"问题解决""自我实现""压力承受"及"快乐"等方面的得分也很高。这些情商能力正是有效开展教学工作并且取得非凡职业成就所必需的重要能力。

4. 情商与执法能力

加拿大全国法律界的专业人士投票选举了一批精英律师,其中包括 25 位最佳商业诉讼律师、40 位 40 岁以下的最佳律师、30 位最佳商业律师、25 位最佳女律师和 25 位最佳法律总顾问。研究人员在对这些律师进行情商测试后发现，每类律师的测试结果都比之前测试过的上百位律师和普通人的分数高出很多。他们的强项主要表现在"自立""乐观""现实判断"及"压力承受"等情商能力上。高情商使得他们在开展法律工作的时候能够充满自信，勇敢应对复杂局面的挑战，冷静地解决各种疑难问题。

5. 情商与医疗效果

美国乔治亚医学院的佩吉·瓦格纳和他的同事开展了一项研究，试图全面地了解医生的情商与临床行医表现之间的关系。他们用 EQ-i 测试了 30 位医生（包括门诊医生和住院医生）的情商，同时让患者从 8 个方面对这些医生打分，表示出自己对他们的医疗行为及效果的满意程度。在患者做完评价之后，研究人员将患者表示 100% 满意的医生和没有获得满分的医生进行了比较。其结果显示，患者给出满分的医生在"快乐"一项上的得分非常高，说明患者对那些能够给人带来愉悦感的医生非常满意。除此之外，得到患者高度评价的医生在"社会责任感"和"乐观"两种情商能力上也得到了高分。这些结果表明，作为一名医生，乐观的性格和高度的责任心是获得患者满意和信任的最重要的情商品质。

6. 情商与学业成绩

加拿大特伦特大学的詹姆斯·帕克尔博士和他的团队曾对安大略省一所大学的全体新生进行了一次情商测试。在测试之后，他们探查了学生的情商与学年学习成绩之间的关系。测评数据显示，两者之间存在着很高的正相关，学生的情商得分越高，学业成绩也越高。这个结果表明，情商在很大程度上可以作为学习水平的预测指标。帕克尔通过对多所大学的 1500 名学生的测试还发现，学习成绩好的学生在人际交往能力、适应能力、自我控制能力以及整体情商上都处于较高水平。这些能力恰恰就是大学生结交新朋友、适应新的校园学习环境、监控自己的学习习惯和进程以及学会独立生活所必需的技能。

7. 情商与婚姻关系

MHS 测评公司的研究人员曾经检验过情商与婚姻满意度的关系。他们对 1100 人进行了 EQ-i 测试，并让被试对自己的婚姻状况打分。结果显示，对婚姻满意的人比不满意的人情商分数平均高出5分，而且在15种情商能力上都呈现出优势。情商高的人，首先是快乐的人，不论遇到什么情况，都能始终保持积极和乐观的情绪，及时给家庭增添正能量。另外，由于他们具有自我认识和自我察觉能力，所以会随时检查自己的行为和言语，监控自己的情绪，与配偶进行良性的互动，最终形成一种亲密并且稳固的婚姻关系。

8. 情商与身体健康

情商与身体健康的关系也早已成为研究者们关注的问题。许多研究发现，情绪乐观的人不容易出现健康问题，而且即便是有了健康问题，他们也能够以积极的态度去面对，使身体更容易痊愈。珍妮·邓克利是一名南非的心理学研究生，她在1996年对58名近期心脏病发作的患者和一组没有心脏病病史的人用EQ-i进行了一项对比测试。结果正如她所料，有心脏病的那组人在"压力承受""灵活性"及"自我实现"等项目上的分数都比对照组的人低很多。其他很多类似的研究也得出了同样的结论，情商低的人容易患上多种疾病，他们的健康状况一般都比较差。

总而言之，情商对人的各个方面都有很大的影响，能够提供证据的研究案例和结果不胜枚举。由于篇幅所限，我们就不在这里赘述了。在了解到情商的重要作用之后，读者就应当开始重视它，把培养和提升情商作为自己努力的一个目标。

三、情商可以提升吗

虽然很多人知道情商对于人的学习、工作和生活都非常重要，但是对它仍然抱有一些疑惑。其中最突出的问题是，情商是否像智商一样，一旦达到一定的水平，就不会再升高了。的确，心理学的研究表明，智商在一个人17岁的时候达到高峰，而且在整个成年阶段都保持不变，到老年时逐步衰减。然而，情商的变化规律却大不一样，它会随着年龄的增长而继续升高。2010年，MHS测评公司对加拿大和美国的4000人进行了测试，其选择范围与政府人口普查对性别、地区、人种、民族和社会地位的要求相一致，所以其样本有很强的代表性。此次测试的结果与他们在1997年得到的结论基本一致，即人在18岁到70岁的生命历程中，情商会逐步升高（虽然在不同年龄段的

升高幅度略有不同),只有当人到了70岁左右的时候,情商才有轻微下降的趋势,而且这种情商变化基本没有性别和人种的差异。这一研究结论对于每个人来说,都是一个好消息,它不但可以解答"情商是否可以提升"的疑问,而且还能激励人不断努力去提升自己的情商水平。

概括来说,人可以通过两种主要途径来提升自己的情商:一个是靠个人生活的自然历练和不断的自我总结与反思,另一个是靠外部的支持和帮助,通过接受一些专业的培训来促进情商能力的提升。人的情商会随着年龄的自然增长而升高,是一个容易理解的现象,因为人的年龄越长,所经历的事情越多,其感受就会越深,心理也会愈加成熟。也就是说,人会随着年龄的增长而不断地积累"生活智慧",变得更有能力来掌控自己的生活、工作和社会交往。当然,如果人在积累生活经验的过程中,还能接受到外部提供的情商培训,那将更有利于各种情商能力的快速提升。

为了帮助人们有效地提升情商,国外的研究者们开发了许多情商培养模式与培训课程。例如,进入21世纪以后,在情商研究的有力推动下,美国许多公司开始重视员工的情商素养,为企业内部的员工开展系统的情商培训。其培训主要是指导员工学习和实践情商技能,包括自信、自主、灵活性、乐观和人际交往等。大量的实证研究表明,员工经过相关的培训之后,情商水平得到了显著的提高,并且大多数人非常乐意接受情商培训。这类培训帮助他们大大增强了自尊心和自信心,促进了个人的职业能力发展。许多调查结果还显示,经过情商培训后,员工们增加了情感识别能力和情绪管理能力,大量减少了职场中的人际冲突。而且,在遇到工作挑战时,接受过培训的员工会利用积极的情绪,使自己的压力症状平均下降50%,最终使整个企业的绩效有了显著的提高。迄今,"情商"概念已经广泛融入到了北美很多公司和政府机构的培训计划中,而且目前很难找到尚未包含情商内容的领导力培训项目了。

除了企业和政府部门非常重视情商培训之外,国外的大学也已经成为情商培养的主力军。例如,近年来随着大学生就业形势的日趋严峻和社会对于毕业生职业素养的要求不断提高,同时,也直接受到企业对员工进行情商培训的影响,美国大学不得不重新定位自身的使命,那就是除了教授学生专业知识与技能以外,还要花大力气培养学生的职业能力,尤其要开展对于大学生的情商培养与训练。美国高校根据学生的专业背景和自身特点,开设了不同类型的情商培养课程。归纳起来，主要有"独立设课"和"学科渗透"两种课程形态。在开设情商课程的过程中，教师充分利用各种教学方式，让学生积极投入到情商训练当中，如课堂集中讲授、观看相关视频、学生角色扮演、小组合作学习和个人课后练习等。许多情商课程的研究结果表明，在学习了此类课程之后，学生能够根据所学的情商知识来评价自己的优势和劣势，提高了社交技巧和同理心水平，增强了自尊心和自信心，坚定了成为职业成功人士的决心。除了这些明显的教学效果之外，这类课程的另一个突出益处是，由于学生情商水平的提高，他们的专业课成绩也有了显著的提升。

下面还有一些能够证明可以通过培养来提升情商的案例。MHS 的研究人员曾对 18 岁至 50 岁长期失业的人群用 EQ-i 做了测试。从整体测评结果来看，他们在"自我察觉""情感表达""自我尊重""自立"和"现实判断"5 种情商能力上低于正常人群的平均水平。在所有情商能力中，分数最低的依次为"自信""乐观""自我察觉""现实判断"及"快乐感"。这些测试结果可以在很大程度上解释为什么那些人很难找到工作，也不容易保持住一份工作。在求职方面的持续挫败，使他们的情商日益降低。为了帮助他们尽快提高情商，研究人员对其中的 50 人进行了为期 6 周的情商技能训练。其培训包括了课堂情商讲授、生活技能培训和职业生涯管理培训，还包括一些职业技能培训。经过系统的培训，那些人在整体提高生活技能（如怎样才能乐观、如何面对挑战等）的同时增强了自信心、现实判断能力和自我察觉能力，能从现实的角度开始考虑择业的问题。在接受培训的人群中，90%的人在参加完课程后找到了工作，并且当再次接受 EQ-i 测试时，他们的分数在很多项目上都有明显的提高。其中提高最多的情商能力是"自信""现实判断"和"自我察觉"。

伊朗麦哈拜德·阿兹达（Mahabad Azad）大学、阿勒扎哈诺（Alzahra）大学和泰汗若·阿兹达（Tehran Azad）大学的研究者用 EQ-i 对伊朗的高中生进行了测试。研究人员艾斯迈尔·萨德里和同事们选择了 40 名男学生，并把他们随机分成两组，其中一组接受了 12 期的情商培训。在培训结束后，研究人员再次测试了两组学生。他们发现，只有参加培训的那组学生的分数有了明显的提高。

土耳其昂杜克兹·玛耶施（Ondokuz Mayis）大学医学院和心理学院联合开展了一项研究，Bektas Mutan Yalcin 和他的同事们收集了自愿参与研究的

184位Ⅱ型糖尿病患者的相关信息,其中包括身体状况、心理状态和情商。他们挑选出身体状况得分最低的36人作为研究对象。那些病人被随机分成两组(每组18人),一组为受训组,另一组为参照组。研究人员对受训组进行了为期12周的情商培训,而不对参照组做任何干预。在整个培训结束时、三个月和六个月之后,两组人都接受了全面的复查。结果显示,受训组的人员在生活质量、健康状况和情商三个方面都有了很大的改善和提高,而参照组的人员在这些方面没有什么变化。越来越多的研究结果表明,通过提高患者的情商,可以改变他们的心理和精神状态,同时也能够改善他们的身体状况。总之,情商与人的生命状态之间有着极其紧密的关联,而且能够通过科学的训练得以明显的提升。所以,一个人要想获得幸福的生活,取得事业的成功,努力提高自己的情商才是一个明智的选择。

四、怎样提升自己的情商

既然你知道了情商对于一个人是何等的重要,就不应该再轻视它,更不能拖延宝贵的时间,而应当尽早地开始培养和提高自己的情商。关于提升情商这件事,常常有人问道:"提高情商是不是很难啊?"对于这个问题,笔者的回答是"既易又难"。说它容易,是指情商的知识并不高深莫测,技术也不精专难懂,很容易被人理解;说它较难,是指需要很强的自律精神和持之以恒的毅力,因为提高情商不是一件短期的事情,而是一个伴随生命历程的永久性的任务。没有任何一个人可以说自己的情商发展到了顶点,提升情商的努力永无止境。

虽然提高情商并非易事,但也没有那么困难,只要你树立信心并且坚持不懈地努力,就会有所收获和进步,情商就一定能不断升高。当然,对于大多数人来说,很少有机会接受到来自于外部的专业化的情商培训,所以情商的提升主要还得靠内在的努力来实现。为了帮助读者能够有效地开展情商的自我训练,我们分析了大量提升情商的真实案例,总结了以往开展情商培训的体会以及在提高我们自身情商过程中的真实感受,从中归纳出如下情商培养和训练的基本策略与方法。我们坚定地相信,只要你认真地按照这些方法去做,成为一个高情商的人的目标是一定能够实现的。

1. 详细了解情商的结构及含义

在下定提高情商的决心之后，你首先需要做的事情，就是全面和透彻地了解情商的含义，尤其对于构成情商的每一种能力要有深刻的理解，真正弄懂所对应的心理情绪和行为表现是什么。最理想的情况是，你能够把每一种情商能力的基本要义记在心里，以便随时提醒自己，使自己能够按照正确的方式去思考和做事。如果你能经常按照那些情商能力来要求自己，时间一久就会变成个人的潜意识或自然习惯，就不用刻意去想自己的做法是否妥当了。本书中的每一课是对一种情商能力的讲解和训练指导，你应当认真学习和领会其中的内容，真正把每种能力的要点扎实地记下来。当然，一下子要记住那么多内容，你会感到不容易，不过只要经常回顾、不断复习，是能够逐渐掌握的。有完整的情商能力结构作为引导，你会觉得情商的发展有了明确的方向，就会更有内在的动力。

2. 认真评估自己的情商水平

你知道了情商的含义是什么，便开始了提升情商的幸福之旅。接下来你要做的第二件事情是对自己的情商现状做一个整体评估。在做自我评估时，你可以按照前面表 0-1 列出的 16 种情商能力的表述，对自己进行认真的评价。为了准确地判断每一种能力的强弱，你应当联系和回想自己平时的表现，分析在各种真实情景中的心理动态和行为特征。只有针对个人的实际去联想，你才能准确地了解自己的每一种情商能力处于怎样的水平。发展情商的重要前提是对自己有一个全面和深刻的了解，如果不知道自己是否有问题，或者不清楚问题在哪里，就不会有提高情商的迫切感。即便有想要改变自己的情商状态的愿望，但由于不了解个人的弱点，自我训练也不会有的放矢，当然就不能收到预想的效果。

3. 准确定位情商的发展目标

在评估每一种情商能力所处的水平之后，你需要按照强弱程度将 16 种情商能力进行排序，以便从整体上更加深刻地认识自己的情商状况。对于那些较弱的情商能力，要把它们作为自我培养的重点。为了提高情商自我训练的有效性，你应当根据情商能力的排序结果制定出有针对性的情商发展目标，

优先提升那些亟待提高的情商能力，例如，努力提高自己的自信心，加强处理人际关系的能力，提高问题解决能力，增强压力承受能力，等等。有了类似的目标之后，你便能够有所侧重地训练情商能力，就会避免"只为自己的情商不高而着急，却又不知道从何处开始努力"的心理困惑。确定情商发展目标的另一个好处是，它能够在你的潜意识里不断发出提示信号，使你更加注重自己日常的思维方式、心理动态和行为表现，把情商培养与生活实际紧密地结合起来。

4. 努力坚持情商的自我训练

在培养和提升情商的道路上，你要有持之以恒的精神和耐力。任何人都不可能在很短的时间里快速提高情商，都需要一个相对长的过程。你知道了情商的结构及其各种能力，也了解了自己的情商状况，并且为自己的情商发展制定了明确的目标，这些的确都是提升情商不可缺少的认识准备。然而，如果你不能在生活中努力地坚持实践，时而按照情商的标准去做，时而又完全放松对自己的要求，那么想要提高情商的愿望就会成为空想。如果你能在每一天的生活中都努力地训练自己，在每件事情中都要求自己最大程度地运用情商去处理问题，毫无疑问，你的情商水平一定能不断地升高。

亲爱的读者，情商宝殿的大门已经向你敞开，带着对新生活的渴望和足够的信心，去愉快地体验和修炼吧。只要你一直坚持自我训练，在不久的将来，必定能感受到人生的改变和收获真正的幸福！

第一课　认识自我

学完本节课，应努力做到：
- 理解认识自我的重要意义和难度；
- 了解认识自我的含义；
- 掌握认识自我的方法；
- 认清真实而全面的自己。

对于任何一个人来说，要想真正提高自己的情商水平，开启一个具有重要人生意义的情商发展之旅，首先需要了解情商的自我训练应该从什么地方开始。虽然人的情商包含众多种能力，但最基本也是最关键的能力是认识自我的能力，所以，提升情商的第一步就是获得一个全面而准确的自我认识。

然而，得到一个正确的自我认识并不是一件容易的事情，不仅需要我们有渴望了解自己的积极意愿，同时还要知道应该从哪些方面认识自己，更重要的是还得掌握认识自我的方法和技巧。在本节课中，让我们来一起学习、理解和实践这些内容，使"认识自我"这一最重要的情商能力得到大幅度的提升。

一、认识自我的重要意义

每个人都生活在一个纷繁复杂的世界里，面对着多角度和多层次的人生。人们为了能够更好地生存，获得不断期待的"新的成功"，会努力地适应和探索所处的客观环境，去完成持续出现的各种任务。所以，在绝大多数情况下，人的注意力都是向外的，关注着自身以外的事物及其变化。而且，很多人还认为，只要自己足够"与时俱进"，紧跟客观世界的发展，就一定不会落伍，就能永远立于不败之地。

然而，人的生存与成功并不完全取决于对外部世界的认识和把握，还有相当大的部分受到对于自己的了解程度的影响。我国古代的先哲们曾不约而同地把认识自我作为人的一项非常重要的任务。例如，在记载孔子言行的《论语》中，就有"吾日三省吾身"的提示，告诫人们要不断地审查和反思自己。在老子《道德经》的第三十三章中，也有"知人者智，自知者明"的名言，其意思是了解他人的人，只能算是聪明，而能够了解自己的人，才算是真正有智慧。

关于人的自我认识（Self-awareness），国外许多哲学家也给出了非常重要的论断。例如，伟大的古希腊思想家、哲学家和教育家苏格拉底曾说过："认识自己，方能认识人生。想左右天下的人，须先能左右自己。"他的这些观点被希腊人所铭记，在古希腊一座智慧神殿大门的柱子上刻上了醒目的"认识你自己"，以提醒人们要时刻记着反省自己。法国里昂著名的纳德·兰塞姆牧师，无论在穷人区还是在富人区都享有很高的威望。他在一生中曾有一万多次出现在那些临终者的病榻前，亲耳聆听他们在生命最后时刻的忏悔，并将其遗言一一记录下来。他想用自己生命的最后时光，为这个世界上的后人们编著一本最有教益的书。纳德·兰塞姆牧师去世后，被安葬在圣保罗大教堂，墓碑上工工整整地刻着："假如时光可以倒流，世界上将有一半的人可以成为伟人。"一位智者在解读他的墓志铭时说："如果每个人都能把反省自己提前几十年，便有50%的人可能让自己成为一个了不起的人。"他的这个解释，道出了反省自己对于人生的意义。从以上这些伟人的提醒和告诫中，我们不难领悟到，自知之明即自我认识，对人生是何等重要！如果一个人能全面而深刻地认识自己，他便获得了人生的法宝，为生命的道路奠定了坚实的基础。

从对我们每个人的具体作用来看，认识和察觉自己具有如下重要的意义：

1. 心灵得到关注

为了有一个积极向上并且充满力量的心理状态，使自己能够更好地生活和工作，让整个生命焕发出光彩，我们最应该做的事情是好好地关爱自己。而关爱自己的最重要的表现就是随时察觉自己，通过对自己的关注，来满足心中的需求和愿望。一个人如果对自己的心理状态缺乏重视甚至非常麻木，是对自己精神世界的漠视。无论在物质上多么努力地满足自己，都算不上是真正地爱自己，因为我们的所有行为，以及所取得的任何成就都是由内心来决定的。

2. 自我认知得以扩展

从人的本能来看，虽然我们愿意也能够比较清楚地认识别人，但认识自己的程度却是非常有限的。如果没有自我察觉的意识，走完一生都可能不完全了解自己。所以，我们必须及早知道认识自己的重要性，从现在开始就来关注自己。倘若一个人能够坚持认真地观察和分析自己，一定会获得一个关于自己的新认识，甚至发现一个全然不知的自己。

3. 改变由此发生

人的任何改变都是从觉知开始的，只有意识到了缺点、不足或错误，才会有改变的愿望，接下来才可能发生改变的行动。自我察觉的终极目的是向着更完善的方向改变自己，所以，自我察觉和自我认识是改变的先决条件。如果我们完全意识不到自己的所思、所想和所作所为，改变和进步就不会发生，因为察觉不到就没有缘由和动力去改变。倘若没有自我察觉，即使我们努力去解决一个又一个问题，仍然只能是原地踏步走，得不到任何进步，达到目标的概率会微乎其微。因此，当我们希望自己变得优秀、塑造一个更好的自己时，首先必须全方位地认识自己。在获得了宝贵的"自我认识"之后，采取积极的行动，所期望的生命改变就会发生在我们身上。

4. 奠定情商基础

大量心理学的实证研究表明，高水平的情商能够使人生活得更加充实和幸福，也能让人获得事业上的更大成功。无论在哪一个行业中，都有不胜枚举的实例来证明情商的重要性。然而，本书的"导论"已经指出，情商不是一种简单的、容易获得的能力，而是一个复杂的心理能力体系，由众多的能力要素集合而成。其中，认识自己的能力是最基础的能力，会影响到所有其他能力的发挥和提升。因此，一个人要想真正提高自己的情商水平，就得从认清自己的内心世界开始，这是最重要的基础。正如加拿大著名情商专家哈维·得奇道夫所说："在推动生命的其他方面蜕变之前，我们必须对自己的内心世界有一定程度的了解。"

二、认识自我的难度

人们正确地认识自我，其实有很大的难度。从字面上看来，"认识自我"并不是一个难以理解的概念，似乎也很容易做到，可是，实事并不像人们所认为的那样。有人问古希腊哲学家泰勒斯："你认为人活在这个世界上，什么事情是最困难的？"泰勒斯回答说："世界上最难办的事，莫过于有自知之明。"西班牙作家塞万提斯在世界文学名著《堂吉诃德》的第二部分第四十二章中写道："把认识自己作为自己的任务，这是世界上最困难的功课。"由此看来，在伟大的人物眼里，认识自己也不是一件简单的事情。我国心理学者也对自我认识的难度给出了比喻，称之为"苏东坡效应"。这一比喻源于苏东坡的诗句："不识庐山真面目，只缘身在此山中。"其意思是明明就站在山中，却偏偏不认识这座山头。这就像是明明拥有"自我"，却偏偏难以正确认识"自我"的心理现象。

美国著名的拉塞尔·康维尔牧师曾经讲过一个"宝石的土地"的故事，来揭示人们经常忘记了解和发现自己的本性。这个故事的内容是这样的：印度有一位富裕的农民，他为了找到埋藏有贵重宝石的土地，变卖了自己的全部家产，开始四方寻找传说中的宝石。几年之后，这个农民终于因为劳累、穷困和疾病而死去。后来，有人从他卖出的自家土地中发现了珍贵的宝石。这个故事对我们有一个深刻的启示，那就是人们往往把眼光和注意力集中于外部世界，却忽视了好好挖掘自己，丢弃了已经拥有的东西。

三、察觉自己的情绪

认识自我是一个持续而且复杂的过程，不是一朝一夕就能够完成的任务。一个人对于自己的了解会涉及许许多多的内容，那么，哪个方面最重要呢？对于这个问题，多位心理学家给出了比较一致的答案。他们都认为，一个人认识自己的首要任务是对自我情绪的察觉。1997年，耶鲁大学心理学教授彼得·萨洛维和新罕布什尔大学心理学教授约翰·梅耶对情绪智力的界定进行了修正，认为情绪智力应包括四个维度，即准确地感知自身和他人情绪的能力、能够理解自身和他人情绪的能力、利用情绪帮助思考和形成决定的能力、有效地管理自己和他人情绪的能力。由此看到，"情绪"是他们的理论的核心，对于自我情绪的准确感知、深刻理解、合理利用和有效管理是情绪智力的四个重要标志。以色列著名心理学家鲁文·巴昂于1997年提出了"5维度—15种能力"的情商理论结构，第一个维度的第一个能力要素就是"自我情绪察觉"。美国情商专家史蒂文·斯坦和霍华德·布克对其给出的具体解释是："自我察觉是认识自己的情感，了解各种情感之间的区别，知道自己为什么会有某种感觉，了解自己的情感会对周围人产生影响的能力。"1995年，哈佛大学心理学博士丹尼尔·戈尔曼撰写了《情商》一书，提出了他的情商模型。该模型包括自我意识、自我管理、社会意识和人际关系管理等四个维度。戈尔曼将自我意识作为第一个维度，也把它视作情商的第一要素。在具体解释时，他将自我意识的基本含义界定为"对于情绪的自我感知"。在所有这些情商专家看来，对于个人情绪的准确察觉，是建立情商体系不可缺少的组成部分，而且是非常重要的基础。

为了获得对于情绪的比较完整的认识，我们从情绪的功能、分类和察觉三个主要方面来进行一些分析和讨论。

1. 情绪的功能

心理学家们之所以特别重视一个人对于自己的情绪的察觉，是因为情绪对于人的生活和工作有着最直接的影响。从理论上作进一步的分析，我们可以了解到，情绪作为一种重要的心理能力，对于人的活动具有如下作用。

（1）情绪可以帮助人适应客观环境。

当人遇到外界的变化、刺激或威胁时，会产生非常明显的情绪表现，如惊奇、紧张、害怕等。而这些表现会促使人的神经系统做出相应的指令，产生有利于消除其负面感觉的决定，从而帮助人脱离或免于那些外界事物的影响。在很大程度上，人类得以生存和延续应归功于情绪对人类决策的引导作用。例如，当我们看到和听到电闪雷鸣的时候，我们就会紧张起来，立刻去找防护的雨具或能够躲避的地方，使自己避免大雨的侵袭。由于情绪有带领人应对外界环境改变的功能，能够调动人的体能，所以有心理学家将它看作是人类生存和协调生活的有效的"心理适应工具"。

(2)情绪可以引发行为动机。

一个人只对某件事情的重要价值有了认识，还不足以能够产生实际的行为去做那件事。例如，人们都知道学习对于自己是非常重要的，但这并不能使每一个人都去主动地读书。只有在对书籍产生浓厚兴趣和具有情感需要的时候，人才会把读书作为生活的重要组成部分，养成坚持阅读的好习惯。在日常生活中，由情绪引起行为动机的例子到处可见，当一个人对某人有好感的时候，就会很愿意去接近对方，主动进行交流和了解，甚至努力做一些事情，和对方成为好朋友。情绪对于人的行为发生起到了至关重要的驱动作用，它与认知活动相互交融，促成人的行为动机的产生，使人努力去达成想要实现的目标。毫无疑问，所有的情绪在本质上都是某种行动的驱动力。因此，我们不可轻视情绪在日常生活中的作用，它往往会决定所做事情的成败。积极的情绪越强烈，它所激活的行为动力就越强，成功的可能性也就越大。

(3)情绪可以对大脑活动产生影响。

许多心理学的研究结果表明，情绪不仅能唤起认知活动，还会影响大脑对于信息的选择，促进或制止人的记忆过程，更重要的是，情绪还会干涉人的决策、推理和问题解决。

20世纪80年代，情绪心理学家把情绪对大脑活动的影响界定为"组织作用"，其含义包括组织的功能和破坏的功能。正向的情绪有协调和组织大脑思考的作用，而负向的情绪具有破坏、瓦解和阻断大脑正常思考的作用。这就是为什么人在坏情绪的控制下往往会做出错误决定和采取无理行动的原因。我们常常看到，当人处在郁闷、焦虑和气愤等消极情绪状态的时候，情绪会在当事人的思考过程中产生非常大的负面影响，导致做事情的效率和正确性大大降低。情绪确定了一个人发挥各种思维能力的潜能界限，因此将决定人生的表现与成就。

(4)情绪可以影响人际交流。

每一个人都不是"孤立的个体"，其心情及情绪表现会对周围的人产生不同程度的影响。情绪在人际交往中发挥着很大的作用，如同语言一样，具有传递思想和感情的通讯功能。语言的表达通过声音和文字来实现，而情绪的流露是由人的表情、姿势和动作来显示的。当一个人不高兴的时候，即便不说话，也很容易从表情上反映出来，使人一看就知道他的心情不好。试想，如果一个人没有情绪反应，脸上与肢体都无任何表现，身旁的人就难以与他交流和沟通，因为不知道此时他的心理状态是怎样的。情绪在人际交流中起主导作用，能够传达语言所不能表达的细腻的情感信息，其影响往往比语言来得更直接。情绪的相互传递不仅能够促进人与人之间的思想交流，而且还可以引起情感的呼应与共鸣，产生相互的理解、尊重和信赖。

2. 情绪的类别

要想准确地察觉自己的情绪，首先应当清楚地知道人有哪些情绪。对于情绪的分类，国内外心理学研究者们给出了一些不同的划分。为了帮助人们更加容易地感知和区分自己的情绪，提高对于情绪的识别能力，美国心理学家阿黛勒·林恩将人的情绪分为六个"家族"，如表1-1所示。

表1-1　六个"情绪家族"

一	二	三	四	五	六
快乐	沮丧	意外	焦虑	生气	创造力
满意	悲伤	震惊	害怕	暴怒	想象力
狂喜	自暴自弃	目瞪口呆	担心	讽刺	足智多谋
欣喜	忧郁	大吃一惊	担忧	恼怒	艺术天赋
兴高采烈	伤心	惊讶	紧张	狂怒	灵感
喜悦	阴郁	惊奇	心神不安	激怒	创新
幸福	痛苦	惊呆	烦躁不安	盛怒	独创性
欢欣鼓舞	心碎	哑然失色	焦躁	怒气冲冲	好奇心
高兴	苦恼	愕然	恐惧	愤慨	幽默
快活	痛心	惊诧	惊慌失措	愤怒	开创性

林恩在提出这六个"情绪家族"的时候，建议人们思考表中每个词的含义，想象在每种情绪状态下的行为，尝试去体验不同的感受以及可能引起的行为程度的差异。与此同时，每个人除了要努力区分自己的情绪的不同类型以外，还应当开始注意他人的情绪反应及其差异。情绪观察能力总是通过先观察自己再观察他人而提高的，而且对于情绪识别越是勤于练习，在提高情商的道路上就进步越快。

我国心理学者孟绍兰把情绪分为"基本情绪"和"复合情绪"。基本情绪是人的自然情绪反应，是本能的原始情绪，包括快乐、痛苦、悲伤、愤怒和恐惧。而复合情绪则是在人的社会化过程中形成的，产生于多种基本情绪的结合，是人的大脑认知和评价活动的产物。任何一种复合情绪，无论是积极的还是消极的，都与社会的文化、传统和道德等有关系，当然也就会受到社会标准的检验。在通常情况下，复合情绪表现为爱、依恋、自豪、自负、傲慢、羞愧、内疚、悔恨、焦虑和敌意等。

3. 情绪的察觉

在我们知道了情绪的类别之后，就要开始关注个人的情绪状态了，及时判断自己处在哪一种情绪之中。对于自我情绪的识别，可以帮助自己预测在特定情境中可能出现的反应，从而有机会做出决定和调整，以合理的情绪面对所遇到的事物。

对于情绪的自我察觉，只有积极态度和主动意识是远远不够的，还要知道它的具体内容是什么，从而更加全面、清楚地了解自己的情感。按照以色列著名情商专家鲁文·巴昂的界定，完整的自我情绪察觉包括六个重要的能力要素：①判断自己当下处于什么样的情绪状态，②体会自己心里的真实感受，③知道引起其情感的原因，④感受情绪对自己身体的影响，⑤察觉到情绪对思想的影响，⑥了解自己的情绪对周围人有什么影响。

自我情绪察觉对于每一个人都是至关重要的，会在众多方面产生影响。在人际关系方面，及时的自我察觉可以在一定程度上预防和阻止与他人产生不必要的矛盾。总爱发脾气、控制不住情绪的人，会使周围的人产生畏惧感，选择尽快地远离。对于想要建立良好人际关系的人和成为领导者的人来说，自我察觉就显得更为重要。无论一个人多么优秀、多么有能力，但如果不能很好地自我察觉情绪和管理情绪，他的事业也是很难成功的。

从心理方面来看，自我情绪察觉可以使自己随时了解情绪状态，发现自己处在什么样的心境之中，而不是对自己的心理状况完全忽略或全然不知。如前面列出的"情绪家族"所示，人的情绪是非常复杂的，会有多种反应交织在一起。如果我们不主动地察觉自己的情绪，就不能及时感知到那些能够产生负面作用甚至是破坏作用的心理反应，如沮丧、忧郁、苦恼、焦虑、恐惧、愤怒等。这些坏情绪将极大地影响人的思维判断，往往导致非常消极的行为和结果。在生理方面，自我情绪察觉可以帮助我们发现和警觉那些导致身体不适或疾病的情绪原因，从而调解和控制自己的负面情绪。大量医学研究结果证明，人的许多疾病都是与负面情绪密切相关的，例如，常常产生坏情绪的人有血压升高、滋生溃疡、发生疼痛的危险，患各种疾病的概率较大，其寿命也会受到很大程度的折损。因此，保持良好的情绪状态对于身体健康是至关重要的。

四、全面认识自我

从更加宽泛的意义上来看，认识自我不仅局限于对个人情绪的识别和理解，还意味着对自己有更多方面的认识。由于人的自身和所处的环境都很复杂，所以全面认识自我就成了一项困难的任务。然而，尽管我们不可能立即全面地认识自我，但至少要对一些重要的方面进行察觉和分析。归纳起来，我们首先应当从以下五个方面来审视自己。

1. 价值观

价值观是指人们在认识各种具体事物的价值的基础上，形成的对周围客观事物（包括人、事、物）的意义与重要性的基本看法和总体评价。具体来说，价值观一方面表现为价值取向和价值追求，凝结为一定的价值目标；另一方面表现为价值尺度和准则，成为判断事物有无价值及价值大小的评价标准。对诸事物的评价在心目中的主次、轻重的排列次序，构成了价值观体系。价值观和价值观体系是决定人的行为的心理基础，也是驱使行为的内部动力。价值观涉及一个人的生活和工作的各个领域，发挥着引起、推动和调节人的一切社会行为的作用。一个人的价值观一旦确立，便具有相对稳定性。

由于价值观对于人的生命历程具有重要的导向作用，决定一个人的生活方向，所以，每个人都应该及早地意识到自己有什么样的价值观。有怎样的价值观，就有怎样的生活。例如，如果一名教师认为教育工作是非常重要的，能够帮助学生健康成长，为国家培养优秀的人才，他/她就一定能努力地工作，克服工作中的各种困难，愿意奉献自己的时间和精力，并成为一名出色的人民教师。对于一名学生也是一样，他/她如果认为学习是重要的，应该为将来服务于社会掌握更多的知识与技能，就必然会刻苦地学习，努力取得优异的学业成绩。总之，对于任何人，价值观的影响力都是巨大的，使人决定往哪些地方投入时间和精力,以及最终成为一个什么样的人。

价值观所涉及的内容是纷繁复杂的,按照人的社会生活领域来划分,人们习惯将它细分为工作观、学习观、人际观、恋爱观、婚姻观和金钱观等。对于这些方面的价值取向,将决定一个人的生活轨迹,乃至生命的状态及高度。因此,我们很有必要对这些重要的价值观作一番仔细的考察和及时的调整,以便使自己的动机和行为能够由正确的价值观来统领。

2. 道德感

道德感是用一定的道德标准去评价自己或他人的思想和言行时产生的情感体验,反映人在道德上的心灵契约是否达成时的心理状态,属于人的一种高级情感。当别人或自己的言论、行动和意图符合于自己的道德标准时,就会产生满意、愉快、赞赏、钦佩等肯定的情感;否则就会产生不满、讨厌、蔑视、羞耻等否定的情感。另外,同情、眷恋、尊敬、爱慕、反感、疏远、轻视、憎恨、背信弃义以及由世界观决定的同志感、友谊感、爱国主义情感、集体主义情感、责任感等也属于道德感,是在人的社会实践中发生和发展的,并受社会历史条件的制约。道德感同样对人的行为有一种持久而强大的推动力,所以我们必须清楚知道自己的道德标准、道德需要以及所产生的道德情感体验。简单来说,就是要真正了解自己喜欢和赞成什么,讨厌和反对什么。

3. 兴趣

从心理学的角度来解释,兴趣是人积极地接触、认识和探究某个事物的心理倾向。这种心理倾向总是使人心向神往,对那个事物给予优先注意,并且在兴趣发生的同时始终伴有对该事物的满意、愉快、振奋等肯定情绪。兴趣是在人的某种需要的驱动下经过反复实践而形成与发展起来的,人的需要有多种多样,因此兴趣也是多种多样的。为了准确了解自己的兴趣,我们可以从兴趣的类型来考察。兴趣大体可以被分为物质兴趣与精神兴趣、稳定兴趣与暂时兴趣、直接兴趣与间接兴趣。直接兴趣是指对活动本身发生兴趣,如打球、看戏、旅游;而间接兴趣是指对活动的结果发生兴趣,如一个学生对于英语学习过程本身并不感兴趣,而是对学习英语的结果感兴趣(具有了运用英语的能力),因为有了这一能力就可以与外国人进行交流,了解别国的文化,扩展国际化视野。

兴趣对人可以产生多种作用，包括引导行动方向、强化积极情绪和激发探求欲望。如果一个人选择了自己喜欢的工作，就会持续地去做它，感到愉悦和快乐，并且能够努力挖掘自己的潜能去做好它。反之，如果干着不感兴趣的工作，就很难产生积极性，只会得过且过和安于现状，当然也就不能取得优异的成绩。很显然，兴趣是促使人去做某件事情的原动力，能够焕发内心储存的力量。正因为它如此重要，所以对于一个想要有所作为并且生活丰富多彩的人来说，一定要知道自己的兴趣所在，让它在自己的生活中发挥应有的作用。如果暂时还没有明显的兴趣倾向，那就要主动地发现和培养自己的兴趣。

4. 性格

"性格"一词常被用来描述一个人，是人的重要特征之一。从心理学的意义来理解，性格是一个人对于现实的稳定态度和习惯化的行为方式。一个人对工作是认真负责还是马马虎虎，对他人是诚恳热情还是虚伪冷漠，对自己是严格自律还是放纵宽松，这些都是一个人对现实的态度和行为方式，是性格的具体表现。

在考察自己性格的时候，我们可以从性格的四个特征来分析：①态度（对待集体、他人、工作、学习和自己的态度）；②意志（是否有行动目标、约束力、控制力和处理紧急问题的能力等）；③情绪（强度、稳定性、持久性和主导心境等）；④认知（感知、记忆、想象、思维等）。另外，我们也可以从性格类型的角度来观察自己。常见的性格类型划分包括：理智型、情绪型与意志型，内向型与外向型，独立型与顺从型。一个人清楚地了解自己的性格，对于学习、工作和生活，尤其对于与周围人的和睦相处，建立良好的人际关系，具有非常重要的意义。如果发现自己的性格存在问题，就应该有意识地加以完善甚至努力去改变，因为"性格决定命运"，对人的一生具有相当重要的影响。

5. 能力

每一个人都非常希望自己有很强的能力，能够胜任工作和生活中的各项任务。按照心理学的解释，能力是顺利完成某种活动所必需的个性心理特征，直接影响活动的效率和结果。我们可以从两个方面来理解能力的含义：一是实际能力，即在活动中明显表现出来的能力，如画家在作画过程中显示了线条透视、色彩鉴别和形象描绘等心理特征，表明他们具备了绘画能力；二是潜能，即将来可能在行为上表现出来的能力，如经过一定的训练和实践之后，可以成为出色的科学家的能力。根据心理学的界定，能力是人格的重要组成部分。

能力对于一个人的生存和取得成就至关重要，因此，对于自己能力水平的了解和提升是每个人需要面对的任务。就能力而言，心理学家从不同的角度对其进行了分类，对人们进行能力分析很有帮助。按照能力的倾向性来划分，有一般能力和特殊能力。一般能力主要包括观察力、想象力、语言能力、记忆力和思维能力。这些能力的集合也被称为智力，是掌握知识和顺利完成活动所必需的心理条件。特殊能力是指完成专业活动所必备的能力，如数学能力、音乐能力、文学能力、数理能力、制作能力等。另外，根据创造性大小来划分，还可以将能力分为模仿能力和创造能力。总之，能力是纷繁多样的，构成了人的能力体系。在众多种能力中，哪些是优势能力，哪些是非优势能力，是需要我们做出自我察觉和判断的。有了清楚的关于能力现状的结论，不但有助于充分发挥个人的优势能力，而且还有利于培养那些亟待提高的能力。

五、认识自我的方法

老子在《道德经》的第三十三章中说："胜人者有力，自胜者强。"其意思是能够战胜别人是有力量的人，而能够战胜自己才是真正强大的人。要想让自己变得强大，克服已有的错误和弱点，首先必须全面而深刻地认识自己，真正把不足的地方找出来。然而，认清自己不可能是一蹴而就的，需要花上一定的时间与心思，并且要采取有效的方法。下面的方法可以帮助我们开展灵活多样的自我认识活动。

1. 书写日记

许多心理学研究结果表明，用"写"的方式可以提高自我心理训练的效果。其中，写日记是一个了解和认识自己的好方法，也被称为"自省法"。在《自省：我是如何努力活出真我的》一书中，作者休·普拉瑟说道："我每天都会反省，看看我所做的事情是否为我所愿。反省得越多，在日落西山时我就越不会觉得自己是在浪费时间。"通过在日记中对自己的情绪、言语和行为的自我叙述与反思，能够使自己及时知道当下的状态以及存在的优点与短处。经常安静下来盘点一下自己的所思所想和所作所为，的确可以帮助我们全面地认识自己，让一个清晰的自我展现在自己的面前。为了使写日记的方法收到实效，写的时候要真实地记录自己的想法和言行，虽然不一定要写得多么有文采，但要把所有的心理情绪完整地梳理和诉说出来，这样，在过后阅读的时候就能看到一个真实的自己，同时也能在回味和总结的基础上，明确日后应当努力的方向。

2. 自我观察

这里所说的自我观察，是指一个人在做各种事情的过程中，有意识地关注自己的情绪、想法和行为，查看自己的心理状态和实际表现，从中全面地了解自己，并做出准确的判断。当我们不能肯定自己是否具有某方面的才能的时候，不妨寻找机会自我表现一番，由此进行知识、能力和情感等全方位的考查。通过成功或失败的经历，便可以了解到自己的长处和不足，更加深刻地认识自己。一个人越善于做自我观察，其反思就越多，各方面的进步也就会越大。自我观察非常方便，不受时间和地点的限制，我们可以随时随地使用这一方法来检查自己。

3. 他人反馈

由于自我观察毕竟只是基于个人的理解和认识，难免会有遗漏或偏颇，还可能得出过高或过低的自我评价。为了全面地认识自己，我们可以通过听取他人对自己各方面的反馈，来获得外部的评价。在通常情况下，他人评价比自我评价有更多的观察视角，因而客观性会更强。许多用人单位为了帮助员工获得全面而准确的评价，促进他们不断取得新的业绩，就采取了多方位的他人评价。例如，全球500强企业英特尔公司曾推出"360度评价法"，又称"全方位评价法"，即由员工本人、上级、同事甚至顾客等共同评价一个人的绩效。如果自己的评价与其他人的评价出现了较大的不同，很可能意味着自我评价出现了偏差，就需要在自我认识上加以调整。

如果不能通过正式的方式获得他人对自己的评价，就要寻找和利用恰当的机会，以虚心的态度去询问别人对自己的看法，征求他人的意见和建议。当然，对于别人的反馈与评价，也不要一味地全盘接受或完全否定，应当予以认真的分析，以便得到一个准确的自我认识。

4. 心理测评

除了运用上述方法以外，我们还可以借助专业心理测评的方法来更加深入地了解自己。目前国内外已经有许多高质量的心理测验工具，可以帮助人们有针对性地进行心理评估。仅从情商测评来看，就有众多测量工具，如巴昂编制的《情商量表》（Emotional Quotient Inventory，EQ-i）、斯狄特等人开发的《情绪智力量表》（Emotional Intelligence Scale，EIS）、梅耶等人编制的《多重情绪智力量表》（Multibranch Emotional Intelligence Scale，MEIS）和《梅耶-沙洛维-库索情绪智力测验》（Mayer-Salovey-Caruso Emotional Intelligence Test，MSCEIT）等。对于智力、人格、能力等方面的测验，也有很多适宜的测量工具供人们使用。

在运用心理测试了解自己的时候，特别需要注意三点：一是要用效度和信度较高的专业化测量工具，以保证测验本身的科学性和结果的可靠性；二是要有专业人士作指导，确保所选工具的专业性和结果分析的正确性；三是不要过于迷信心理测评，它只是对自我认识起到一种辅助的作用，是探索自我和发展自我的开始。在自我测评之后，应认真思考测验的结果，并结合由所有其他方法获得的评价信息，对自己作一个全面、透彻的分析，制订出下一步的改进目标与行动计划。

▶ 课后自我训练 ◀

♥ 认真理解本节课学习的六个"情绪家族"中的每一种情绪，分析一下自己经常出现哪些情绪。

♥ 思考生活中的哪些特殊事情是你的"情绪痛点"，会使坏情绪产生或控制不住发脾气。同时，也想一想以后应当如何合理地控制发脾气。

♥ 下表中列出了四种常见的情绪反应，根据表内的提示检查一下你是否有这几种情绪，将自查的结果写入表中。如果经常出现其中的负面情绪，就要积极寻找和运用有效的心理调适方法，来预防或减轻这些情绪。

情绪类别	按照1~10强度打分	情绪发生的情景或原因	身体反应	所思所想
快乐				
沮丧				
焦虑				
愤怒				

❤ 为培养自己的积极情感，你每天都应强化那些使自己快乐的情绪。如果是由于自己的做法而感到欣慰和愉悦，就告诉自己以后要保持下去。若是他人所做的事情让你感觉很好，不妨及时或找机会告诉对方你的感受。

❤ 找出一段空闲的时间和一个安静的地方，利用至少30分钟，对自己做一个全面的分析，从价值观、道德感、兴趣、性格和能力等方面加以自我审视。在完成这个练习时，可以用书写的方法，也可以用思考的方式。

❤ 在一张纸上尽可能全面地列出你的优点和缺点，并且认真考虑今后如何发扬长处和弥补不足。

❤ 找一个你信赖的人，针对你的优点和缺点进行交流，听取和记录对方对你的评价，然后与你的自我评价相比较，看看有哪些不同，从而更加全面地认识自己。

第二课　自我尊重

学完本节课，应努力做到：
- 认识自我尊重的重要性；
- 了解自我尊重的含义；
- 懂得如何建立自尊感；
- 有效提升自我尊重感。

一个人生活在这个世界上，总要面对各种各样的任务，克服许许多多的困难。这不仅需要有足够的知识与技能，更要有较强的心理力量和自我信任感，对自己的能力有一个准确和良好的判断。只有这样，才能在完成各项任务的过程中，勇敢地接受挑战，做出自己的成绩来。

每个人心中都有一个"自我形象"，对自己的看法如何以及能否全然地接受自己，将会影响到一个人的全部，包括学习、工作、人际交往和家庭生活等。在开始学习这一课之前，试想一下你对自己的看法，是否有了比较满意的自我感觉，是否已经建立起了较强的自我尊重感。在这一节课中，我们来一起学习情商的第二种能力，即自我尊重的能力。期望通过这节课的学习，读者能对自我尊重有一个全面而深刻的理解，最终获得真正的自尊。

一、自我尊重的重要性

在上节课中，我们系统地学习了关于自我认识的内容，了解了一些有效的自我察觉的方法。然而，仅仅有自我察觉是不够的，还必须在了解自己的

现状尤其是缺点的基础上,积极地肯定和接纳自己。我们很容易想到,自我察觉会产生两种结果:一个是对自己的认可和尊重,另一个是对自己的否定和自卑。如果出现后一种情况的话,无疑会给人生带来巨大的负面影响。

美国第32任总统富兰克林·罗斯福的妻子埃莉诺·罗斯福在她撰写的《我的故事》一书中曾说道:"没人能让你自卑,除非你自己接受它。"然而,在日常的观察中我们可以看到,自卑的人还真的为数不少。这类人总是不能正确地看待自己,不能欣然地面对自己的不足。与自卑的人相反,自尊的人总是对自己怀有客观、肯定的态度,在工作和生活中敢于承担任务,乐于挑战自己,勇于做命运的强者。大量心理学研究表明,自我尊重(Self-regard)与一个人的安全感、内心力量、自满、自信、个人适应力有关,是自我完善的一种必备的心理能力。以色列著名情商专家巴昂在研究中还发现,自我尊重是"能力和行为的一个重要的指示器",一个人有了这种品质,就能真实地面对自己,以诚实的态度融入生活,享受生命和服务他人的能力就会得到不断的发展。

我们之所以要高度重视自我尊重能力的培养,是因为它是人的一种关键能力,决定着人生的成败。如果一个人完全不认同自己,对自己非常不满意,在各方面都看轻自己,那么,在做任何事情时都会怀疑自己的想法和能力,甚至完全否定自己。这样的心理状态会阻碍一个人发挥自己的智慧和潜能,无法利用已有的优势,走不出适合自己的道路,当然更不可能脱颖而出。因此,要想在各方面取得应有的成功,我们必须克服自卑的心理情绪,树立起强大的自尊感。

二、自我尊重的含义

在认识了自尊的重要性之后,接下来我们要对自我尊重的内涵作一个深入的剖析。按照加拿大情商专家哈维·得奇道夫的概括:"自尊指的是一个人看待自己的方式,是对自身社会角色进行自我评价的结果。"人们经常使用"自尊"这个词,从直觉上讲,似乎每个人都能理解它的意思。然而,从心理学的角度来分析,自尊并不那么简单,它具有三个不尽相同的含义。

其一,自尊是一个描述人的个性的词,即表示人们通常如何看待自己。因为人对自己的看法是长时间、跨情境而逐步形成的,所以具有相对的稳定性。心理学家把这种自尊的含义叫作"整体自尊",高自尊的人高度喜欢和热爱自己,而低自尊的人却对自己不满,乃至怨恨自己。

其二,自尊是一个人对自己的某个方面进行评价之后的心理定势。例如,一名教师对自己的教学能力持有积极的肯定态度,认为自己一定能教好学生,就意味着这位教师在教学能力方面具有高自尊。与此类似,一个人可能有社交高自尊、运动高自尊等,也可能会有学习低自尊、表达低自尊等。

其三,自尊这个词还会表征一个人在瞬间的情绪状态,特别是那些由好的或差的结果所引发的情绪。这种自尊感和某一时段的自我体验有密切的关系,好的经历会支持自尊感的形成,而失败的经历会威胁和挫伤自尊感。例如,一个学生刚刚在一次考试中获得了很高的分数,他就会立刻产生很强的自尊感,但如果在那次考试中得了一个很低的分数,就会出现低自尊感。从这种理解来看,自尊也就是人们常说的"自我价值感",即一个人认为自己能否获得成功的心理判断,是对自己的价值衡量。

从准确的含义来区分,自我尊重与自我察觉是明显不同的。自我察觉是对自己的情绪以及各个方面的了解,是一种发现和感知自己的能力,而自我尊重是对构成自己的所有部分及其特征的接受和喜爱,是一种肯定和欣赏自己的能力。虽然自我察觉是自我尊重的基础,但不一定会保证自我尊重感的建立。所以,每个人都应当同时加强这两种能力的培养,既要全面地认识自己,又要完全地接受自己。

为了更加具体、清晰地界定自我尊重的含义,情商专家史蒂文·斯坦和霍华德·布克指出了这种能力所体现的六个心理特征:①喜欢自己本来的状态。一个人如果有了健康的自尊,无论自身的现状如何,都会愉快地接受,乐意面对自己的一切。②自我感觉良好。自我尊重可以使人去掉对于自己的不满情绪,不会存在看不起自己的压抑的心理状态,而且不是有意地回避弱点,而是清楚地知道和勇敢地承认自己哪里不够好,对自己始终抱有乐观的态度。③欣赏自己的优点和长处。拥有自尊感的人会非常珍惜自己的优势,并带着自我赞赏的心态来看待自己,不会埋没自己的能力和特长,所以能在各方面充分发挥自己的潜能。④接受自己的缺点与局限。自尊的人非常明白自己有哪些不足,而且能够真正包容自己的所有缺点,不会因为弱点的存在而看轻自己。⑤对自己感到满意。自尊感会使一个人对自己感到满意,不会对自己产生过分的苛求,更不会逼迫自己去达到一个完全不可能的状态。

⑥勇敢面对自己的过错。自我尊重的人在做错事情的时候，能够坦然地面对错误，公开和适当地承认自己的过错，不会为了维护自己的"面子"去极力地掩盖错误，更不会一味地坚持错误的做法。

上面总结的自尊心理与行为特征，能够帮助人们很容易地判断出自己或他人是否具有自尊感及其强弱的程度。这里列出两个人物案例，我们可以依据上述特征来分析他们的自尊感状况。

案例 2-1

张娟是某政府机关一个部门的负责人，有着很强的表达能力、人际协调能力和组织管理能力，被单位的同事们普遍认为是非常能干的领导，工作中也取得了突出的成绩。然而，在最近一段时间里，她开始担心自己在别人眼中的形象，生怕自己表现得不够好。尤其在每一次部门开会的时候，她都会担心自己的装扮，"是不是穿得不够得体""打扮得能不能让别人感觉很好"。另外，她还对自己在会议上的表现感到不安，总怕自己"说得太多了，耽误大家的时间""讲得不好会影响自己的威信"。其实，同事们对张娟的印象一直都非常好，并没有认为她身上存在这些问题，可她就是对自己不放心，在自我形象和工作能力上过高地要求自己。她的担忧使得她总是感觉达不到自己的期望，渐渐对自己产生了怀疑和不满的心理情绪。

从张娟在工作中的心理动态来分析，我们可以清楚地看到，她的自尊感出现了一定的问题。她开始对自己不满意，甚至对自己的状态产生怀疑。她在工作时不再自我感觉良好，无论在外表上还是在工作能力上都对自己过分苛求，强迫自己去达到一个本不存在的"完美"状态。她不能客观地分析自己的现状，对自己采取肯定的态度，反而使自己处于一种忐忑不安的心境之中。她总是关注自己的所谓"不完美"的地方，将很多精力用于"避免"各种问题的出现，不能放松心情和解放思维去大胆地施展才华，表现自己的能力。虽然张娟在许多方面已经具备了很好的素质，但她不去欣赏自己的优点，用自己的长处来激励自己，反而在不应该担忧的事情上给自己施加不必要的压力。如果长期这样下去，她的工作情绪必然会受到不好的影响；同时，这种自尊心不强的心理状态，也一定会反映在她的外表上，在言谈举止中流露出来。她需要尽早地知道，这样的结果才会真正影响到她的领导形象和工作效果，如果不能从内心真正地接受和尊重自己，就很难从别人那里得到持久的尊重。

> **案例 2-2**
>
> 　　王晓军是一名大三的学生，他的学习成绩一直很好，在年级的排名始终位于前茅。然而，在一次期末考试中，有两门课的考试成绩不理想，一门是73分，另一门是76分。知道考试成绩后，他的情绪一落千丈，无法原谅自己所谓的失败。他心里想，"这两门课的成绩这样差，才得了70多分，其实完全可以考到90多分的。"他甚至还责备自己，"我是怎么了，因为愚蠢的错误丢了那么多分，自己真是个笨蛋。"这些想法对王晓明的负面影响很大，使他在大学最后一年的时间里，一直都没有从自我否定、情绪低落的状态中走出来。自从那次考试以后，他的学习成绩也逐渐下降，不能回到原来的学习水平。

虽然王晓军一直是一名学习成绩优秀的学生，但他却不能经受一次考试的失败，从此学习成绩不断下滑，自尊感逐渐失落。依据自尊应有的表现来对照，他的问题反映在以下三个方面：第一，不能接受自己一时的缺憾，不承认在学习上存在不足，无法包容自己的缺点。第二，不能勇敢地面对自己的过错，不去积极地在失败中查找和分析原因，而是过分地苛求和责备自己，缺乏对于失败的承受能力。第三，不能看到自己原有的优势，不去欣赏自己的学习能力，使得他的学习潜能被一种自责的情绪所压抑，不能在学习中继续发挥自己的长处。由此我们看到，一个人的自尊感是非常重要的，它会影响到做事情的方式和结果，更会左右遇到挫折时的心态。只有具备了自我尊重感，才会有强大的心理能量去克服重重困难，才能出色地完成所面对的各项任务，取得属于自己的成就。就王晓军的经历来说，如果他能在那次考试失利后，及时总结教训，找到问题所在，积极采取有效的改进方法和策略，就不会出现最终学业成绩下降的状况。

三、关于自我尊重的几点提示

自尊是一种非常重要的情商能力，在日常生活中和工作岗位上，每一个人都要努力拥有自我尊重感，从而使自己的生活更加精彩、工作更有成效。当然，自尊感的建立并不是一件容易的事情，在此过程中会出现一些障碍或误区。下面我们对其进行一些分析和讨论，以便尽早认识它们，有效地克服、纠正或预防这些障碍或误区。

1. 过度自尊会看高自己

适度的自尊可以使一个人对自己做出正确的判断，面对各种境遇时产生正确而且适宜的想法与行为，而过度的自尊却能导致盲目自大，把自己看得过高，甚至想得非常伟大。一些过分自尊的人会脱离实际地高估自己，把自己看得完美无瑕。由于存在比较严重的自负心理，过度自尊的人很愿意用华丽的头衔或言过其实的名目来炫耀自己，好让自己骄傲自大的心理得以满足。实际上，一个人如果真的很优秀，是用不着自吹自擂的，真相总会让任何人实至名归。

2. 过度自尊将阻挡进步

如果一个人总是不能客观地看待自己，认为自己过于优秀，自然就不会主动地查找自己的不足，更不可能自觉地修复那些存在的残缺。当一个人觉得自己不需要做出任何改变的时候，也正是他止步不前的时候，其结果反倒会成为一个"不健全"的人。一个真正想要进步和成长的人，切记不要故步自封，更不能自欺欺人。真正成功的人一定知道自己有哪些事情做得不好，哪些方面还有缺陷，于是会力争提高这些方面的素质和能力。成功的关键在于，了解和承认自己的缺点，并知道如何去弥补，而不是拒绝承认不足，把自己看成一个完美无缺的人。

3. 过分自尊会压制别人

当一个人的自尊感过高的时候，会觉得自己了不起，认为自己无所不知，在任何方面都比别人强。由于他们无法忍受自己的缺点，所以总是拼命地在别人眼前展示自己的优点，不敢将缺点暴露于他人面前。在与人交往和共事的过程中，他们常常会从各个方面强加于人，喜欢完全以自己的主张来做决定，表现出强烈的控制欲。由于过分自尊的缘故，他们很少听取他人的意见和建议，以维护自己的"形象"。在大多数情况下，他们不承认自己做错了事情，无法忍受任何批评，甚至还将自己的过错推给别人，宁可让别人替自己承担责任，也不愿意为自己的错误负责。然而，这种人的"自尊"是不堪一击的，内心存在着很浓重的不安全感，因此他们才会极力地保护着自己的面子。

4. 缺乏自尊会导致自卑感

与过度自尊有许多危害一样，缺乏自尊也会产生不良的结果。倘若一个人不能正视自己的现状，不能客观地接受自己的全部，总是过低地评价自己，就会产生强烈的自卑感。当遇到困难和挑战的时候，低自尊的人将出现不确定感和不安全感，对于完成任务没有信心，更缺乏必胜的勇气。这样的人总是生活在自卑的阴影下，注意力始终没有离开过自己的缺点，看不到自己的优点，也不认为通过一定的努力自己是可以进步和改变的。事实上，把眼光总是放在自己的不足和缺陷上，与否认自身存在缺点是一样糟糕的，都将破坏自我尊重感的建立。如果自卑感长存于心，注定会使人缺少争取成功的心理能量，也一定会丢失许多可以获得成功的机会。

四、自我尊重感的提升

对于任何人来说，自我尊重都是一种宝贵的心理品质，它能为克服困难、迎接挑战和追逐梦想保驾护航。因此，每个人都应该把培养健康的自尊感作为一项重要和持续的任务。我们知道，自尊感的养成不是一蹴而就的，需要一个较长的过程。要想有效地提升自尊感，首先必须了解相关的心理学原理和必要的训练技巧。

从心理学的视角看，一个人的自我尊重感不是与生俱来的，而是在生活的经历和体验中慢慢积累而成的。对于自尊感的形成，美国华盛顿大学的心理学教授乔纳森·布朗提出了以下三种模式。

第一个是情感模式，认为一个人的自尊由两种主要情感而构成。一是归属感，即感到被周围的人喜欢、关爱和尊重。这种感觉来自与人之间的社会性交往，包括与家人、同学、同事、朋友等的互动。归属感一般在人的婴幼儿时期发展起来，在很大程度上是亲子关系的结果。归属感为人的生活提供

了安全的基石，使人感到自己是被人接纳的，是被别人所爱的。二是掌控感，即一个人感到他对周围事物能够产生一定的影响，也包括对自己完成任务能力的一种确信的感觉。当一个人有了这些情感之后，他会觉得自己是有价值的，自尊感便油然而生。

第二个是认知模式，认为人的自尊发展于自我认知的理性加工之中。人们在所从事的各项活动中，会对自己的各种品质和能力进行考察，加以自我分析和评价，并且按照某种方式整合所有的感觉，最终得出一个整体的自尊感。除了对自己的现实状况进行总体评价以外，人们还会将评价结果与理想中的自我意象相比较，看看两者是否吻合。这一自我比较的过程，也将导致自尊感的产生。总之，认知模式把个人的自我评价看成是自尊感形成的主要因素。

第三个是社会模式，认为一个人的自尊水平取决于周围人如何看待与评价他。这种模式将他人对一个人的总体看法作为自尊形成的第一影响要素。也就是说，如果旁人认为某人很优秀，大家都很尊重他，那个人就会认为自己很棒，产生较高的自尊感。按照这一逻辑分析，大多数人都会用社会人群普遍使用的评判标准来衡量自己，如职业声望、收入、学历和社会地位等。对于许多人来说，这些方面会成为建立自尊感的重要基础。

根据上述对于自尊感起源的分析，我们可以思考一下自己的自尊感是如何形成的，哪些因素在其中起到了重要的作用，是情感体验、自我判断还是他人评价？如果能够找到影响自尊形成的主要原因，我们就可以有意识地进行调控，排除负面因素的影响，扩展积极因素的作用，使自己的自尊感更加健康地发展起来。

上面探讨的自尊形成的心理机制，为我们提高自尊感提供了有益的思考角度，也为在实践中加强自我训练引导了方向。这里我们总结出一些具体并且可行的提高自尊感的策略，希望能对想要提升自尊感的读者有所启发和帮助。

1. 用心挖掘自己的优点

已有的研究资料显示，国外许多用以提高自尊感的训练项目都始于鼓励人们关注自己的优点。如果一个人能够充分地发现和肯定自己的优点，必然会使自尊感明显提升。然而，对于很多人来说，却从来没有认认真真地思考过自己有什么优势和长处，所以在自我认知方面就缺少了自尊的基础。无论一个人从事什么职业，生活经历如何，接受教育的程度怎样，总会有自己的优点，只要用心去思考和挖掘，就一定能把它们找出来。在第一课的"课后自我训练"中，读者已经罗列了自己的一些优点，在学习本节课之后，还可以在此基础上继续寻找自己的优点。只有不断地探索自己，才能不断发现更多层面的自我，从而更加充分地表达和展现完整的自己。

2. 学会正确归因

按照心理学的定义，归因是指人对于个人成功与失败的原因的认定与解释。在遇到成功或失败的事件时，无论是有意识的，还是无意识的，任何人都有分析和探索其原因的倾向。归因理论认为，人在分析成败原因时，一般是从三个方面来考虑的，即原因源（内在或外在原因）、稳定性（可变或不可变原因）和可控性（可控或不可控原因）。表2-1列出了一些成败的原因，演示了归因的基本框架。

表 2-1 归因的基本框架

可控因素	内部归因	稳定：持久努力
		不稳定：一时努力
	外部归因	稳定：他人偏见
		不稳定：他人帮助
不可控因素	内部归因	稳定：聪慧、能力
		不稳定：心境、疲劳
	外部归因	稳定：任务难度
		不稳定：运气

从表2-1中列出的原因可以看出，对于某一次成功或失败来说，可以用众多的原因来解释。而强调什么原因，将直接影响到接下来的行为取向。倾向于外部归因的人，总认为自己的失败是因为受到环境因素的影响，所以就不会在自己的行为上查找原因并做出改变。而习惯内在归因的人会把失败的原因归结在自己身上，如个人能力不够、头脑不够聪明等。

对于如何有效提高自尊感,心理学家建议,遇到失败时不要一味地归因于内部不可控的因素,应尽量多关注"自己能力低下"以外的其他因素。如果一个人一直认为自己的能力低,就会使自我感觉很差,大大降低自我尊重感。因此,在遇到失败时,我们应该多从一些可变化的内在因素来查找,例如,是否没有付出足够的努力,是否没有用对方法,等等。

3. 用成就铸造自尊

一个人生活在世上,总是要有所成就的。我们所说的成就,不只是轰轰烈烈的大事业,也不一定是名垂千古的丰功伟绩,只要是对他人、对社会做出的有意义的事情,同时对自己也有益处,都可以被称为"成就"。例如,我们在学生社团中发挥骨干作用,开展有意义的活动,在工作岗位上帮助同事解决了一些难题,或者在家庭中成为有爱心、负责任的父母,都是令自己欣慰的成就。每当我们成功地完成一项自己觉得困难或者之前不确定能否完成的任务时,都会产生一种自我佩服的心理感觉,同时会大大增强自我价值感。

成就是自尊感的真正源泉,强大的自尊是通过取得一次又一次实际的"胜利"而逐步建立起来的,并不是靠着别人的夸奖甚至制造的美好赞誉而得来的。为了让自己在多方面取得成就,由此提升自尊感,我们需要敬业、勤奋和勇敢,在自己生活、学习和工作的各个层面,敢于大胆尝试,并且及时发现、肯定和庆贺自己的成绩。人生最大的失败是连尝试的勇气都没有,只要我们为了实现自己的人生追求,跳出"心理舒适区"去探险,积极地寻求个人的发展道路,拓展人生价值和赢得成功的机会就会增加,自尊感的基础自然就会变得宽广而坚实。

4. 建立良好的人际关系

每一个人都生活在层层叠叠的人际交往关系当中,不可能离开交往而生存。在与人交往的过程中,会产生各种各样的情绪和情感,其中,被他人肯定、接纳和喜爱,是最能使人愉快的情感,也是使人增加自尊感的重要心理支持条件。我们在前面学习了自尊的情感模式,已经知道在人群中的归属感能够大幅度提升一个人的自尊。所以,我们要力争与他人建立良好的人际关系,努力成为周围人喜欢和尊重的人。当然,要想达到这样的人际关系状态,自己首先要与他人和睦相处,主动关心和帮助别人,用爱心和宽容与他人交往。如果我们能够做到这些，就一定能建立起良好的人际关系，个人的自我价值感也将因此而不断提高。

5. 全方位提升自己

无论自尊感的建立受到多少因素的影响，一个人对于自己的才能的认可和满意是其中最重要的因素。因此，要想有效提高自尊感，就要不断地学习新知识，丰富自己的精神世界，还要持续努力地锻炼各种能力，增长自己的才干。当看到自己在不断进步和成熟的时候，自我满意的感觉就会自然萌生出来。另外，还要不断地探索和追求自己的兴趣，找到自己的爱好所在，努力满足自己的心理需求，让愉悦成为一种主导心境，使自尊感伴随着自己的心灵快乐和生命成长而不断地强大起来。

▶ 课后自我训练 ◀

♥ 为帮助你了解自己的自尊感程度，这里提供一份测查自尊的量表，你可以利用这个量表，对自尊感做出测评。

罗森伯格自尊量表

指出你在多大程度上同意下列说法，并在最能描述你对自己的感受的数字上画圈。这个量表可以作为你的一个指导。

	完全不同意	不同意	同意	完全同意
1. 有时我认为自己一无是处。	0	1	2	3
2. 我认为自己很不错。	0	1	2	3
3. 总的来说，我倾向于认为自己是个失败者。	0	1	2	3
4. 我很自卑，我希望对自己能有更多尊重。	0	1	2	3
5. 有时我确实感到自己很无用。	0	1	2	3
6. 我认为自己是个有价值的人，至少不比别人差。	0	1	2	3
7. 总体上，我对自己很满意。	0	1	2	3
8. 我感觉自己没有多少值得骄傲的地方。	0	1	2	3
9. 我觉得自己有很多优秀的品质。	0	1	2	3
10. 我可以做得和大多数人一样好。	0	1	2	3

注：要计算分数，首先把 5 个负向问题（1，3，4，5，8）的得分翻转过来：0＝3，1＝2，2＝1，3＝0；其他问题（2，6，7，9，10）的得分：0＝0，1＝1，2＝2，3＝3。然后把 10 个项目的得分相加。你的总分应该在 0 到 30 之间，分数越高，自尊水平越高。

如果你的得分不高的话，就要引起注意了，应当按照本节课提出的建议，尽快采取有效的方法和策略，来提升个人的自尊感。

♥ 你在第一课的"课后自我训练"中已经列出了自己的优点和缺点，为了更全面地探索自己，你还需要继续发现自己的长处和不足。在再次深入分析自己之后，你需要认真思考几个问题：①自己最突出的三个优点和三个缺点是什么？②能否全然接受自身存在的缺点和不足？③它们是否影响了自己的自尊感？其影响的程度如何？诚实地回答这些问题，对于提高自尊感具有非常重要的意义。

♥ 在你的学习、工作或业余生活中，周期性地为自己设定一些具体的任务，并努力投入时间和精力去完成。在此过程中，你要细心体会自己的收获，肯定已经取得的成绩，从中提升个人的成就感。

♥ 在每天晚上睡觉前，利用几分钟想想当天你做了哪些让自己觉得成功的事情，并发出声音或在心里给自己一个夸赞——我真棒！如果不能每天做这个练习，也可以几天或一个星期对自己的成绩做一个小结，并且用自己喜欢的方式来庆祝，从而使自尊感不断得到提高。

♥ 在可能的情况下，尽量多接触那些肯定、喜欢和尊重你的人，与他们好好相处，因为他们会使你增加归属感和自我价值感。而对于那些贬低和歧视你的人，应当尽快远离，因为他们对你不尊重的言行，会给你的自尊感带来很大的损伤。

第三课 自我实现

学完本节课，应努力做到：
☞ 理解自我实现的内涵；
☞ 了解自我实现的作用；
☞ 掌握自我实现的方法；
☞ 全面发现和提升自己。

在现实社会中，许多人在判断自己的生活与工作状态时，往往依从他人对于成功的界定，而将自己的愿望和心理诉求遗忘于脑后。他们往往按照世俗的观点来衡量自己成功与否，如是不是获得了一定的职位、是否积累了许多金钱和物质、是否有很大的名气等。诚然，这些的确能够提高个人的生活水准和增加成就感，但绝不是成功的全部内容。一个人的成功将包括生活的方方面面，如家庭生活、人际关系、情感状态、业余爱好、心灵成长等，在构成人生的各个领域之间取得了满意的平衡。有些人看似在事业上非常成功，获得的财富也是常人难以想象的，但是，在其他方面他们的境遇却非常糟糕。所以，如何获得完整意义上的成功，达到生活的和谐状态，让个人的意愿和价值最大化地实现，是每个人都要面对的生命课题。

美国著名人本主义心理学家亚伯拉罕·马斯洛曾说过："一般人都很少会去想自己是谁，需要什么，自己的想法是什么。而懂得自我实现的人非常清楚地知道他们自己的兴趣、愿望、想法和通常的反应。"由此看来，如果想要真正实现自己的人生价值，先要全面而透彻地审视自己，在各个方面充分地了解自己，然后在此基础上最大程度地追求自己的心愿，将个人的智慧和潜能发挥到极致。在本节课中，我们就来探究人的自我实现的问题，通过对其内涵、作用和方法等方面的分析和讨论，帮助读者全面认识自我实现的真谛，使之能够达到自我实现的最佳状态。

一、自我实现的内涵

要真正弄清楚"自我实现"一词的含义，我们还得从这个概念的最初由来说起。在 20 世 50 年代，心理学家亚伯拉罕·马斯洛在研究人的动机的过程中，提出了著名的需要层次理论。这个理论认为，人的需要包括五个层次：①生理的需要——对食物、衣服和住所等的基本需求；②安全的需要——对人身安全、健康保护和心理保障的需求；③归属的需要——对亲情、爱情和友情的需求；④尊重的需要——对自尊、被认可和被尊重的需求；⑤自我实现的需要——对发挥自己潜能和达到心中目标的需求。只有在这五个需要层次上都达到满意的状态，一个人才能感觉到幸福，对自己的生活才能感到完全满足。马斯洛首次提出了自我实现（Self-actualization）这个概念，把它视为人的最高层次的需要。他认为："一个人必须做他能做的事情。"这句话里隐含两层意思：一个是人应该尽力发挥自身的潜能，不要埋没了自身存在的价值；另一个是如果人不去做自己能做的事情，心中就一定不会有满足感。

对于自我实现，加拿大著名情商专家哈维·得奇道夫赋予了更为丰富的含义。他认为自我实现是人所具有的比较高级的素质的体现，如形成密切人际关系的能力、幽默感、独立、自我管理等。具有自我实现能力的人，可以超越自身的环境，不是逆来顺受地被动屈服于环境。我们也可以这样理解，自我实现是一个忠于自己的心灵和本性去全力拓展能力和才华的过程，每一个人都应当有尽情发挥和无畏创造的"巅峰体验"。以色列著名情商专家鲁文·巴昂将自我实现看成是"最完美、最佳、人的价值和效率达到最高的层次"。

为了更加清晰地揭示自我实现的内涵，我们在这里还要对其具体表现给予分析。通过对照这些行为和心理特征，读者可以逐条判断自己在自我实现上努力得如何，并且能够详细了解怎样做才能更充分地达到自我实现。一个人的自我实现能力主要体现在五个方面：第一，具有清晰而且可行的阶段性目标，在生活的各个方面都有努力的方向，不是得过且过、糊里糊涂地度日子；第二，在做每件事情的时候，都尽力发挥和挖掘自己的潜能，心中总有一个激励的声音在鼓舞自己，决心用自己最大的努力把事情做好；第三，力争做自己喜欢并且有意义的事情，而不是被动地顺从潮流去做那些自己并不喜欢的事情；第四，努力追求有意义、丰富和充实的生活，始终不断地让自己对社会、对他人包括对自己有所作为，采取更多的方式使自己的生活丰富多彩；第五，有一个长远的人生目标，而且为其付出不懈的努力，不会在遇到困难和挫折的时候灰心丧气。

从这些具体的表现可以看出，自我实现是一个持续、动态的人生追求过程，不仅仅是实现了某一个特定的目标，如考上大学、获得学位、晋升职称、增加收入等。具有自我实现能力的人，会在生活的历程中不断确立新目标，积极地使自己走向更佳的状态。他们把设定有意义的目标当作一生都要做的事情，并不会因为年龄的增长而轻视和减少。

二、自我实现的作用

我们已经知道，自我实现既是始终采取的积极行动，也是一种奋发向上的心理意愿和精神需要。在追求自我实现的过程中，虽然可能由于付出较多的努力而感到有些辛苦和劳累，但其过程能够对一个人产生诸多的正向推动作用，会给人生带来无限的精彩。

1. 明确生活方向

生活是需要动力的，目标对于每个人来说都是一个不可缺少的力量源泉。当一个人要为某个或某些目标努力的时候，他便开始调动自己的能力系统，进入自我实现的状态。自我实现的心向和行动会使人的生活目标更加明确而具体，能使人走在自己希望的道路上。那些不具有自我实现能力的人，就没有明确的方向和清晰的目标。他们只能模仿他人的成功，错把旁人的目标当成了自己的方向。由于漠视了心中的向往，只顾着去追随别人，到头来非但没有达到所谓的"目标"，还完全丢失了自我。因此，人要回到自我实现的轨道上来，它的首要作用就是使人聚焦自己的目标，不会迷失人生的方向。

2. 激发积极情绪

如果一个人能够追随自己的理想，把握自己的前进方向，最大程度地利用和挖掘自己的潜能，他的情绪一定是非常积极和饱满的，总是处在精力集中和精神振奋的状态。在《幸福的真意》（*Flow：The Psychology of Optimal Experience*）一书中，美国芝加哥大学心理学教授米哈里·契克森米哈融谈到人在全神贯注地做某件事的时候，会完全沉浸在陶醉的体验当中，达到一种特殊的意识状态。他把这种忘我的心理体验称为"心流"。在"心流"状态中，人可以享受到巅峰体验，也会出现超常表现。也就是说，在这样的时刻里，人既感到非常快乐，又有最佳的表现，会把事情做得很漂亮。因为专心致志，这时人可以超然于日常琐事和外界干扰，达到心灵的宁静和愉悦，同时各种能力的汇集和发挥也会达到顶峰。由于专注于目标的达成，蕴含着莫大的信心，所以，在自我实现状态中的人，还会有很强的意志力，不畏惧各种困难和障碍，不被挫折与失败所征服。自我实现不但能给人带来快乐的享受，同时也能铸就战胜困难的坚强决心。

3. 产生自我激励

自我实现能够给人以及时的鼓舞和鞭策。在许多情况下，实现一个目标需要完成若干个具体的任务或步骤。当一个人完成了其中一个或多个相对困难的任务的时候，胜利的喜悦会激励他继续完成下一个任务，直至预定目标的实现。同样的道理，当他经过不懈的努力完成了一个非常想实现的目标之后，成功的兴奋会驱动他继续确立接下来的目标，开启一个新的自我实现旅程。这就是心理学的内在强化原理所提倡的"自我激励"，它往往更有力度，持续的时间更长。与外部鼓励的效果相比，由自我实现的内在力量所推动的行为会更加主动，所获得的成就会更大。我们在这里可以联想一下自己，也一定有过很多达到目标之后的自我激励，每次都会给自己许多肯定和称赞，从而使自己满怀信心去实现下一个目标。

4. 全面提升自己

从更加宽阔的角度来认识，自我实现的最大的作用是能够促进一个人全方位地提升自己，在各个方面将自我塑造得更好。心理学家鲁文·巴昂认为：

"自我实现是追求实现潜在能力、才能和天资的过程。它的特征是参与并感受全身心致力于各种兴趣和追求。自我实现是倾注一生,以得到充实的一生。"我们确信,如果一个人踏上了自我实现的道路,就不会沾沾自喜和止步不前,他不但会努力地发挥已有的聪明才智,还会持续地在各个方面充实自己,主动地发现那些尚未显露但有很大发展空间的才能。对于有自我实现心愿和能力的人来说,每一天都是新的,都会有美好的梦想等着他们去追逐。自我实现不只是一个有形的目标的达成,更是一个不断探索自己和提升自己的过程。在这个长期努力的过程中,人会越来越有智慧,心灵会愈加成熟,当然,各方面的成就也会越来越多。

三、自我实现的方法

上面我们详细分析了自我实现的含义与作用,接下来要讨论的问题是如何培养自我实现的能力,真正进入良好的、可持续的自我实现状态。无论我们有怎样的人生目标,大的或是小的,都要一步一步去实现。因此,自我实现其实就是按照一定的目标,采取一系列的行动步骤,最终实现个人愿望并且提升自己的过程。下面我们对达成目标的基本方法给予详细的阐述。

1. 建立合理目标

自我实现的过程起步于目标的确立,如果没有清晰而且可行的目标,生活就不会改观,人生更不会优化。所以,我们要不时地询问自己:我的目标是什么?在思考个人目标的时候,应该分成三类目标来考虑,即短期、中期和长期目标。短期目标是指在短时间内要达成的目标,一般用几个月到一年的时间来完成,如看完几本书、学会几首歌曲、去某个地方旅游等;中期目标需要较长的时间去实现,要经过几年才能达成,如学会一门技术、攻读一个学位、掌握一门外语等;长期目标则需要付出大半生甚至一生的努力,涉及人生的总体方向,如要把自己塑造成一个对社会有很大贡献的人、要成为某一个行业的专家等。无论确立了哪一类目标,都要进行反复的斟酌,人生旅程走得如何就是由这三类目标来决定的。把目标定位对了,我们的生活方向就正确了。

在设定自我实现的目标时，需要特别注意一点，那就是要倾听自己内心的声音。在考虑目标时，切忌跟随潮流，比照别人的情况来确定自己的目标。每个人都要仔细分析自己的喜好、需求和当前的状态，让目标满足自己内心的诉求。否则，即便达到了目标，心里也不会真正快乐。很多人可以挣到很高的薪水，但他们并不喜欢自己的工作，所以最终不能取得突出的成就，心中也没有多少幸福感。从做一件小事到选择自己的职业，其成功极少出现在被动从事（自己不情愿但必须得做）的境况之中。我们都知道，比尔·盖茨当年从哈佛大学退学，并不是因为他的理想是成为世界上最富有的商业巨头，而是选择了自己酷爱的计算机行业，而且全身心地投入。后来他所做出的对世界的伟大贡献，正是源于当初的那个随心所愿的决定。

2. 分析现有基础

在实现目标的过程中，要仔细地分析自己，审视自己已经具备了哪些基础，包括相关的知识、能力、技巧和体验等。一个人要善于利用已有的优势，将自己的才华不予保留地发挥出来。同时，还要认真查找自己的欠缺和差距在哪里，需要填补什么知识和发展哪些能力。有了这些对于自己的清楚认识，就确定了迈向目标的起点，便知道了从什么地方启航。

3. 制订行动方案

再小的目标，也得靠扎扎实实的行动来实现，没有具体而且有力的行动，目标只能成为一个美丽的幻想。对于如何有效地采取行动，我们提出以下三点建议。

第一，把实现目标需要做的事情一一列出来。许多心理学家都建议，应坚持行动导向而非结果导向去实现目标。如果只聚焦结果，很容易使人由于不能很快达成目标而泄气，产生无望或疲惫心理，最终因为失去信心而远离目标。而行动导向却大不一样，会让人的注意力聚焦在具体的行动上，并且能够及时看到行动的效果，从而使信心不断增强，更加坚定地朝着目标迈进。例如，一个人为了健康想把体重减去 10 公斤，整天梦想着这个结果，但他却不注重自己的行为，不清楚在饮食、运动以及生活习惯上必须做出哪些改变，所以就看不到减重的效果，目标永远都不会实现。反之，如果他能够明确什么样的生活习惯是正确的，把每一天应该做的事情规定出来，并且认真而努力地去做，体重就会日复一日地减轻，实现减重10公斤的目标就能实现。

第二，依据轻重缓急把要做的事情排出先后顺序。要实现一个目标，必然得完成众多不同的任务，而且它们的重要程度不尽相同。例如，要参加并通过一次心理咨询师的考试，会涉及了解考试要求、准备复习资料、报名、参加相关培训、认真学习理论和开展相关实践等环节。在这些需要做的事情中，显然最重要的是报名和认真复习，缺了这两项就无法参加考试。在这种情况下，报考人员就要按照每件事情的重要程度，做出优先次序的安排，在恰当的时候用足够的时间去做每件事情。用管理学的概念来说，这样的做法叫作"时间管理"，可以使人在时间的使用上更有利于目标的实现。

第三，确定做好每件事情的有效方法。在确定了需要完成的任务之后，一定要花些时间来考虑用什么方法去做。在很大程度上，方法对于实现目标是重要的，没有好的方法和策略，目标是难以达成的。就拿准备心理咨询师的考试来说，使用什么复习资料、参加何种培训和如何自我复习等，对于考试的成功都有最直接的影响。因此，能否选择和运用最佳方法来完成每项任务，将决定一个人在自我实现的道路上能走多远。

4. 进行实践检验

在所要达到的目标与一个人的现实状况之间，会有较大的差距，否则就不会叫作"自我实现"。而消除这个差距，正是每个人争取进步和改变人生的心理愿望。在按照具体计划以实际行动去实现目标的过程中，我们需要及时地检查自己的行为，看看是否尽到了最大努力，是否还存在一些不足。许多时候，尽管决心很大，但努力不够；还有可能是非常努力，但方法不科学，都会使自己的现状难以改变。除了在行为上的自查以外，还要进行目标实现程度的评估，检查结果是否明显，是否离预定的目标越来越近了。如果效果并不明显，就要仔细排查原因，找到问题所在，在计划和行为上做出相应的调整。

以上实现目标的步骤看起来并不难理解，似乎也很容易做到，但其实并不尽然。其原因有三：第一，人们一般没有设计行动方案的意识和习惯，想要实现某一个目标时就马上采取行动的人并不在多数；第二，作目标分析和行为方案需要安静下来仔细思考，很少有人愿意在这些方面多花时间；第三，缺少自我评价的能力，不清楚自己处在什么样的状态，不会对其行为和结果进行分析。要解决这些问题，需要养成制定目标和行动计划的习惯，而且要按照计划坚持正确的行动，不能放松对自己的要求。同时，要在不断的自审中看到问题和困难所在，对方案加以调整和改进，并且用坚强的毅力战胜困难和障碍。如果能够做到这些，就会逐渐接近心中向往的目标，最终实现美好的理想。

四、自我实现的人物榜样

自我实现不是一场竞技赛，而是一个渐进的过程，是积极达到最佳状态的过程。当一个人有了自我实现的愿景时，就会听到内心的声音和觉察到自己的智慧，享受到更快的成长速度。为自我实现而努力的人，不会因为暂时一无所成而感到绝望，而是会仔细观察，耐心等待，不断地奋发图强，期待着目标的实现。从很多成功人士的经历中，我们能够更加深刻地理解自我实现的含义，看到自我实现的过程、价值和意义。下面我们与读者一起了解和分析一个自我实现的典型人物，她就是英国作家乔安妮·罗琳。

案例 3-1

罗琳出生在英格兰格洛斯特郡，从小就酷爱文学，6 岁开始写作。1983 年夏天，18 岁的罗琳考上了埃克塞特大学。她报考的第一志愿是英国文学，因为她确信自己唯一想做的事情就是写小说。然而，由于父母认为她过于跳跃的思维只不过是一种癖好，只适合自娱自乐，不能靠它来支付房贷和挣得充足的养老金，所以，罗琳不得不在自己的抱负和父母的期望之间寻找平衡点。她把法语作为了主修专业，但还是背着父母报名学习了英国古典文学。

大学毕业后，她开始在伦敦的办公楼里从事自己并不喜欢的文秘工作。由于对文学创作的钟爱，每天午餐时她都在咖啡店里专心致志地写小说。因为兴趣不在工作上，所以业绩不佳，使她离开了工作单位，成了一个失业者。在现代化的伦敦大都市里，她成为一个穷困潦倒的人。

1989 年 6 月的一个周末，24 岁的罗琳坐在由曼彻斯特前往伦敦的火车上，当她注视着窗外时，一个形象突然闪现在脑海里：一个瘦弱、戴着眼镜的黑发小男孩,一直在车窗外向着她微笑。他的出现使罗琳萌生了创作哈利·波特的念头。她坐在车上开始思考,在4个小时内(列车误点了4个小时)勾勒出了所有细节。虽然当时她的手边没有纸和笔,但天马行空的想象已经充满了她的头脑。那天晚上,罗琳开始在一个小本子上自由奔放地写起来。从此,哈利·波特诞生了——一个11岁的小男孩,瘦小的个子,乱蓬蓬的黑头发,明亮的绿眼睛,戴着圆形眼镜,前额上有一道细长、闪电状的伤疤。

罗琳在撰写《哈利·波特》的过程中一直遭受着生活上的挫折和打击,连续经历了许多女人难以承受的不幸。除了丢掉工作以外,她的母亲一直在重病之中,并且于1990年去世。不久后,罗琳住的公寓又遭受抢劫,母亲留给她的纪念品被全部抢走。罗琳的爱情生活也非常不顺利,她与男友的感情生活走到了尽头,后来的丈夫又是个家庭施暴者,把她赶出了家门。从此,她带着仅仅两岁多的女儿,过上了单亲妈妈的生活。

由于受到太多的打击,罗琳在与丈夫离婚后,心情处于极度的抑郁状态,曾经有过自杀的念头。然而,值得庆幸的是,她坚强地活了下来,并主动去寻求心理咨询师的帮助,花了约9个月的时间接受认知行为治疗,最终从那段艰难的岁月中走了出来。

罗琳在痊愈后全身心地投入到了写作之中。因为家的屋子又小又冷,她就经常带着女儿在妹夫开的咖啡店里写作,把自己对哈利·波特的想象全部倾注在书稿中。经过坚持不懈的努力,罗琳于1995年完成了《哈利·波特与魔法石》的初稿。可是,在她把书稿投出去之后,却遭到了12家出版社的退稿。幸运的是,布鲁姆斯伯里出版社看好罗琳的作品,在1996年买下了出版权,但罗琳只得到了1910美元的稿费。同年6月,罗琳取得了教师资格证,并于实习后在利斯学院开始了教学工作。

在罗琳完成书稿的两年后,《哈利·波特与魔法石》于1997年6月27日出版。这部小说一经问世就好评如潮,在全球引起了极大的轰动,哈利·波特成为风靡全球的童话人物。1998年,此书获得了英国国家图书奖年度最佳童书奖和斯马蒂图书金奖。在这本书出版两周之后，罗琳又把已经完成的第二本《哈利·波特与密室》交给了出版社，并于1998年出版。迄今为止，罗琳在写作生涯中已经创作了以哈利·波特系列为主的十几部儿童文学作品，成为当代世界上最有影响力的女作家。由于为儿童文学领域做出了巨大贡献，罗琳获得了众多荣誉和奖项。例如，她于2000年获得了大英帝国勋章；2009年，法国总统尼古拉·萨科齐向罗琳颁发了法国荣誉军团勋章；她于2012年获得了伦敦市荣誉市民称号；2013年2月，英国广播电台第四台节目《妇女时间》将罗琳评为英国第13位最有成就的女性。

罗琳的故事很曲折，也很感人。经过七年不屈不挠的努力，她演绎了一个灰姑娘的传奇童话，从一个贫困潦倒的失业单亲妈妈，一跃成为尽享尊荣的作家。罗琳的经历很值得我们认真思考，从她的故事中至少可以得到以下三点重要的启示。

第一，目标应以真正的兴趣为基础。罗琳之所以能够取得如此骄人的成就，最根本的原因是她有一个清晰而且坚定的目标，那就是终身写小说。她在很小的时候就有这个理想，而且从来都没有改变过。罗琳非常清楚自己的兴趣在哪里，什么是自己内心最深层的需求，做什么能使自己感到喜悦和快乐。罗琳的目标完全建立在个人的喜好上，而不是从功利的目的出发。爱因斯坦曾说过："兴趣是最好的老师"，罗琳的成功验证了这个道理。由于她始终酷爱写作，所以这一兴趣就引领着她放飞思想，促使她不断积累写作的素材和手法，不断收获写作的经验，最终写出传遍世界的作品。罗琳就是将个人的奋斗目标建立在浓厚的兴趣之上，使得目标非常坚固，经得起考验。罗琳的成功告诉我们：无论在哪个方面建立目标，都应当以兴趣为基础，离开了真正的兴趣，目标就会变得软弱无力，很难得以实现。

第二，实现理想的过程必定是曲折和艰难的。罗琳在实现"写小说"这一目标的过程中，经受了许多难以承受的困难、挫折和打击。对于一个女人来说，她经历了大多数女性未曾遇到的巨大的人生挑战和考验。罗琳在2008年哈佛大学毕业典礼上说道："那段时期对我来说是暗无天日，那时的我并不知道自己会写出后来被新闻界称为'童话故事之革命'的作品。当时的我不知道如此灰暗的日子还要持续多久。在很长一段时间里，所有的希望都是那么渺茫。不管用什么标准来衡量，我都是一个彻底的失败者。"罗琳的话语是非常真实的，任何一个人要实现自己的目标，都必定经历艰难的过程，没有遇到过困难的成功是根本不存在的。因此，当我们想要走上自我实现的道路去追逐心中梦想的时候，一定要做好充分的心理准备，立下战胜困难和挫折的坚强决心。

第三，实现目标需要持久的坚持。在遇到改学专业、失业、离婚和贫穷等人生困境时，罗琳虽然感到极其沮丧和痛苦，但她从未选择过放弃，一直以顽强的毅力坚持着文学写作。她努力采用各种方式使自己的写作持续不断，让自己始终走在通往理想的道路上。她挤出时间选修自己酷爱的文学专业，利用工作的空余时间坚持创作，带着年幼的女儿到咖啡店里写小说，在自己情绪出了问题的时候主动寻求心理医生的帮助，使自己能够继续写下去。正因为罗琳将身心和希望全部倾注在真正喜欢的事情上，所以她的心态变得宁静与祥和，想象的空间越来越大，写作也愈加顺利，最终取得了成功。罗琳的事迹给所有怀揣梦想的人一个强有力的鼓励：有了正确的目标就要坚持下去，无论遇到什么境况，只要坚持就会使自己不断走向目标，最终攀上自我实现的高峰。

▶ 课后自我训练 ◀

💗 按照本课学习的心理学家马斯洛提出的需要层次理论，仔细分析一下你的需要是什么，在哪个（哪些）层次上还没有得到充分的满足。

💗 为了更全面地了解自己，你需要认真思考一下：自己最喜欢做的并且有意义的事情是什么？自己的兴趣主要表现在哪些方面？找到自己的兴趣和向往所在，就能享受快乐的心理体验，点亮心中的理想之灯。

💗 仔细分析一下自己的潜能，看看哪些事情不但是你喜欢做的，而且还是你的优势所在，经过努力能把它们做得更好的。发现了自己的潜能，就有了取得成功的努力方向。

💗 回顾一下自己的经历，想想是否发生过"某个目标没有达成"的情况（那个目标曾经是你非常想要实现的）。查找没有实现目标的原因，你可以从主观和客观两个方面来进行分析。

💗 在你的生活中，重要的事情是什么？可能是努力学习、陪伴家人、休闲生活、发展爱好或修养心灵等。在确定重要的事情时，你需要仔细倾听自己内心的声音，一定不要去问别人。在坦率地拷问自己之后，列出三件你认为最重要的事情。

♥ 针对自己确认的三件最重要的事情，深入分析自己的知识、能力和已有经验等，再按照本节课学习的自我实现的方法，确定出短期、中期和长期目标，制订具体的行动方案和时间投入计划，并付诸行动去实现设定的目标。在为目标努力的过程中，要经常反思一下目标的实现情况，以便及时调整和改善自己的行动。

♥ 在与人接触的时候，不要向那些不支持你的人谈论你的目标，以免使你对目标产生动摇。你应当只与那些和你非常亲近以及非常支持你的人分享你的目标，从他们那里你可以得到许多有力的支持。

♥ 为了给你的自我实现增添正能量，你应当经常抽出一些时间去阅读励志的书籍，观看正能量的演讲。

♥ 不论你每天多么忙碌，都要挤出几分钟时间来思考自己的目标，以便让自己保持对于目标的热情和执着，不会随着时间的推移或遇到困难而远离目标。

第四课　情感表达

学完本节课，应努力做到：
- 深入理解情感表达的重要性；
- 了解良好情感表达的重要特征；
- 辨别错误的情感表达方式；
- 有效提高情感表达能力。

我们生活在人际交往的世界里，在工作、家庭、社交等各种场合都离不开与人打交道，随时都需要向他人表达自己的想法、感受和情绪。情感表达（Emotional Expression）是一个人在社会中生存乃至成功必须具备的重要能力之一。在与人接触的过程中，情感表达的方式及其效果将直接影响到双方的心理感受和关系状态。如果是在职场，相互表达就显得更加重要，不但决定工作环境的人际氛围，还会影响到同事之间的合作以及每个人的工作效率与业绩。

无论在哪个环境里，要想达到良好的人际关系状态，取得预想的成功，都不能忽视自己的情感表达，要把发展此种能力作为自我建设与提升的重要任务。然而，在现实生活中，许多人却没有重视自己的情感表达，虽然在很多时候他们的出发点是好的，但由于与人交流的方式不正确，导致与他人的沟通出现问题，相互之间产生很大的隔阂与矛盾。因此，高度关注自己的情感表达，有效提升这一情商能力，对于建立各个方面的良好的人际关系是非常必要的。下面就让我们在本节课中一起学习有关情感表达的内容。

一、情感表达的重要性

我们每天都要花很多时间与他人在一起，针对不同的事物进行交流、沟通。在人与人之间的相互表达中，很多因素会影响交流的效果，而且它们通常没有被意识到。许多心理学家对此开展过科学的观察，得出了一些很有价值的研究成果。美国加州大学洛杉矶分校的心理学教授艾伯特·梅拉比安经过一系列的研究，对人际交流时接受信息的效果给予了量化描述。他认为，在人对交谈内容的理解中，有7%来自谈话的用语，38%来自交流时所用的声音和语气，55%来自说话者的表情和肢体语言。由此看来，人的交流是否顺畅不仅决定于谈话内容，而且还与谈话者的其他多方面的表现密切相关。正因为如此，国内外已出现许多旨在提升人际沟通能力的培训，试图通过开设训练班来强化人的表达和交流技巧。很多人为了提高自己的公众形象、提高作为领导者的影响力或者加强与周围人的良好关系等，非常重视自己表达能力的提升，努力学习和实践正确的交流方法，通过参加培训班或自我训练的途径来改善自己的情感表达。

我们经常可以看到和体会到情感表达对于工作和生活的重要影响。这里我们先来分析一个职场上的真实案例。

案例 4-1

在美国总统竞选的历史上，曾经出现过约翰·肯尼迪和理查德·尼克松竞争异常激烈的局面。在他们两人开始当众辩论之前，代表共和党的尼克松略占优势。在竞选辩论开始后，美国的电台和电视台同时播放，吸引了大量的听众和观众。在辩论结束后，对电台听众的民意调查显示，大部分人认为尼克松获胜的可能性比较大。然而，对于电视观众的调查结果却正好相反，认为肯尼迪是"赢家"的观众比率是2:1。

为什么在电台听众和电视观众的民意测验中会出现完全不同的情况？这正是验证了梅拉比安的研究结果。在电视上可以看到，尼克松和肯尼迪在观众面前呈现的形象和表现反差很大。尼克松的面部表情十分紧张，还留着小胡子，显得没有精神，还不停地出汗，看上去好像在生病，非常憔悴。而且，他在讲话中还不时地对人怒目而视，甚至发脾气。而肯尼迪在辩论中的表现却大不相同，看上去从容淡定，精力很充沛，举止也非常得体。在整个辩论过程中，尼克松总是把注意力集中在击败肯尼迪上，而肯尼迪却对着镜头直接面向美国民众侃侃而谈。最终的结果是，肯尼迪战胜了尼克松，赢得了那次美国大选，当上了美国第35任总统，是美国历史上最年轻的总统。

从这个案例我们可以看到，一个人的情感表达是多么重要！在只听声音的情况下，尼克松占据优势，而当两人在电视上进行竞选辩论时，肯尼迪占了上风。这说明人的非语言表达在某些关键时刻是决定胜负的。表达的效果如何，能不能被人接受、喜欢和赞成，不仅仅与说话的内容有关，而且还与表达时的态度、面部表情、眼神、肢体语言、形象和衣着等许多因素有直接的关系。在很大程度上，这些因素的综合作用将决定情感表达的感染力以及成败。因此，在平时与人交流时，我们除了尽量说出恰当的话语之外，还要倍加注意这些重要方面。

下面我们再来看一个生活中与情感表达有关的真实案例。

案例 4-2

2014年3月31日下午5时左右，大连星海广场世纪城雕南广场附近发生了惊险一幕。目击者张先生对后来到场的记者描述了当时的情景。一对男女先后来到世纪城雕附近，两人情绪都有些激动，不停地在说着什么，后来竟然大声争吵起来。接下来发生的事情让张先生目瞪口呆，那个男子突然脱掉了上衣跳到堤坝上，接着又跳进了海里。就在张先生冲过去打算救人时，那名女子阻拦男子不成也跟着跳了下去。当时已经涨潮，两人只露个脑袋在水里时起时伏。

岸上的市民发现有人跳海，立即呼救并拨打电话报警。有好心市民跑到堤坝上向两人呼喊，试图指引他们游到岸边，抓住堤坝的石缝以防被海浪冲走。辖区民警赶到现场后，立即组织游艇码头的工作人员对两人进行施救，将快艇开到两人近前。工作人员先将那名跳海女子搭救上船，然后大家合力将那名男子拽上船。几名在那儿散步的市民告诉记者："他俩年龄都在40岁左右，看起来像是两口子。"

这个惊心动魄的事件使我们深刻地体会到，人与人的交流和表达对于解决彼此之间的冲突是至关重要的。由于这两个人不能进行良好的沟通，不会用适当的语言来表达和抒发自己的情绪,所以在发生矛盾的时候只能激烈地争吵,并且在吵不过对方的情况下,就选择非常极端的方式来逃避冲突。倘若这对男女在谈话的过程中一直注意自己的情感表达,用恰当的语言进行沟通,就不会演变成这么严重的对抗,也不会出现忍无可忍的情感崩溃,更不会失去理智而跳入大海。这种以吵架来解决冲突的方式,经常出现在人际交往当中,在工作单位、家庭和其他生活场所都会频繁发生。这个案例提醒人们,在与他人交往的过程中,应特别重视语言的交流和情感的沟通。要想有一个良好的人际关系状态,避免出现不必要的矛盾甚至悲剧,必须努力提高个人的情感表达能力。

二、良好情感表达的特征

适宜而且准确的情感表达,是人际关系的润滑剂,不但能使彼此的交流顺畅,还能让双方的情绪愉悦,不断发展良好的关系。在培养情感表达能力之前,需要全面了解什么样的表达才能产生理想的交流效果,平时应该在哪些方面加以培养。下面我们来详细讨论良好情感表达的基本特征,以便帮助读者在平时有针对性地训练自己。

1. 正确使用词汇和语句

在人与人之间的交谈中,用什么词语来表达是非常关键的,将直接影响到交流的过程和效果。有些人在和他人说话的时候非常随意,从不考虑应该如何恰当地表达自己的想法、观点和情绪,人们习惯地把这样的表达叫作"说话不过脑子"。如此的交流很容易造成不良的结果,要么使别人产生误解或激怒别人,要么让自己的形象和威信受损,或者使自己陷入困境。不管出现何种情况,都不利于双方的有效沟通,更不利于建立良好的关系。因此,在向人表达想法和情感时,一定要注意自己所说的话,在用词上做到恰如其分,使之适合于当时的谈话对象与情境。要使自己能够用词得当,拓展情感表达词汇无疑是提高情感表达能力的重要环节之一。如果词汇贫乏,不能准确表达现实感受的细微差别,那么别人就很难明白我们现在的具体感受。总之,要想达到准确且到位的交流程度,每个人都需要不断地练习和反思,及时总结与人交流的经验与不足,并且在情感表达上不断地修正和完善自己。

2. 恰当运用语气和语调

我们在前面曾提到美国心理学家梅拉比安的研究结果，说话的语气和语调对于相互的理解有38%的影响。在与人交流中，我们经常遇到不同的语气表达方式，如胆怯、低沉、轻柔、激昂、高亢和愤怒等。下面这个小故事显示了语气和语调的重要性。

案例 4-3

从前波兰有位明星，大家都称她为"摩契斯卡夫人"。一次她到美国演出时，有位观众请求她用波兰语讲台词，于是她站起来，开始用流畅的波兰语说台词。观众都觉得她说的台词非常流畅，但是却不了解其意义，只感到听起来非常令人愉快。她接着往下说，语调渐渐转为热情，最后在慷慨激昂、悲怆万分之时戛然而止。在场的观众鸦雀无声，同她一样沉浸在悲伤之中。突然，台下传来一个男人的爆笑声，因为摩契斯卡夫人刚刚用波兰语背诵的是"九九乘法表"。而这个男人是摩契斯卡夫人的丈夫、波兰的摩契斯卡伯爵。

从这个故事中，我们可以领悟到，说话的语气竟然有如此不可思议的魅力。即使观众不明白台词的意思，也能够被深深地感动，甚至完全被摩契斯卡夫人的表演控制了情绪。照此推理，谁都可以听懂的本国语，其感染力将会更加强大。因此，在日常与人的交谈中，当遇到重要的或需要强调的部分时，应以舒缓而有力的语气说出，若是平仄抑扬不分的话，给别人的印象就不深刻，还很可能出现左耳进、右耳出的状况。

喋喋不休的推销员很少对语气和语调加以考虑，他们总是讲话太快，以非常强势、努力劝说的语气推销自己的产品，所以很容易使顾客产生厌烦、拒绝或逃避的心理。但如果他们用缓慢而自然的语气和语调来介绍，并且带有抑扬顿挫的韵律，就会使顾客感到舒服，恢复到正常的心理状态。所以，无论与什么样的谈话对象进行交流，要想达到理想的效果，一定要留意语气和语调的运用，不仅要靠智慧的"临场发挥"，更要重视平时的"勤学苦练"。

3. 合理使用表情和肢体语言

通常人们很难想到，表情与肢体语言要比词句和语气对人际交流的影响大得多，这就意味着我们在与他人谈话时，不能忽视自己的面部表情和动作，许许多多的信息蕴含其中，对方都将看在眼里，领会在心中。每个人都不要低估非语言交流的力量，在情感上，很多时候一个词都不用说就能达到亲近的交流效果。

如果在交谈中没有表情，就很难让别人知道自己的真实想法。表情对于人与人的交流起着相当重要的作用。例如，一句生硬的话加上一个诙谐的表情，立刻会变得婉转许多，能够避免谈话双方的冲突；同样，一句玩笑话加上一个搞怪的表情，马上能变得更加逗人，增加更多的幽默感。我们都知道，现在用的各种网络聊天工具，如QQ、微信、微博等，都设置了表情功能，能让人在发信息和聊天时用表情强化自己要表达的意思。在没有时间用文字对话时，还可以用不同的表情给予直接的回复。许多心理学工作者对于表情在交流中的作用展开了卓有成效的研究，可以帮助人们认识表情的重要功能，恰当地利用表情来进行人际沟通。

具体来说，在人与人接触时眼神和面部表现是最容易被感知的。我们在交流中切记不要忽视眼神的重要作用，它能打开交流的大门。人的眼神可以传达很多种心理情绪，如快乐、悲伤、惊讶、害怕等，也能显示出许多心理意向，如渴望、兴趣、关心等。我们应努力学习用恰当的眼神来表达自己的心意。面部表情中最有情感影响力的是微笑，它可以表示出高兴、友好、喜欢、满意、亲近等。如果一个人经常面带微笑，别人就会觉得可爱、友善、亲切，并且很容易被接近，同时，微笑还有很强的感染力，他人会积极地回应。

肢体语言的重要性也不容忽视，手势、姿态和各种动作在人际交流中是不可缺少的。在很多情境中，动作是胜过言语的，尤其当言语和肢体语言不一致的时候。我们无法想象，人在没有肢体语言的情况下将怎样交流。人们需要通过肢体语言来表达自己的想法和态度，也需要从别人的肢体语言中了解他人的情感或情绪状态。身体语言是思想的流露，一个摇头能直接表达否定的态度，一个点头能清楚表示赞许的心意。在招聘现场，很多时候主考官们就是根据应聘者的肢体语言做出判断的。如果一个人的坐姿看起来很拘谨，表明他的情绪很紧张，甚至是自信心不强；但如果他的姿势很自然，看起来轻松自在，就表明有一定的自信，整个人都能放得开。肢体语言是心灵的反映，通过恰当地使用它，能够有效地表达和展示自己，能让对方更加理解我们的所思、所想，避免交谈中的误会，从而增加彼此的了解，发展和谐的关系。

4. 以坦诚的态度进行交流

人与人的交流实质上是心灵的沟通，目的是达到互相的了解和理解。这就需要双方以诚恳的态度彼此分享，如果没有坦诚作为基础，任何的表达不但毫无意义，而且还会造成相互之间的误解与隔阂。我们从案例4-4中可以看到讲话态度对听者的影响。

案例 4-4

在1982年秋天之前，美国强生公司没有在药瓶口处加密封层，结果有毒物质进入到泰诺药品（治感冒的药）中，引发了数起死亡案件。在事发后的电视采访中，该公司的发言人不仅接受了公众对于药物中毒事件的谴责，还情绪激动（眼含热泪）地谈到了死亡的悲剧。他还诚恳地解释道，强生公司正在回收该药品，并立即给每个药瓶顶部加上保护层。

发言人毫不掩饰自己的悲伤和沉痛，他的话语、声调和泪水都真实地反映出他的哀伤情绪。公众从他的表述中理解了他的情感，看到了公司的决心，也接受了"此种悲剧不会重演"的承诺，并表示继续将泰诺作为重要的药品，不会从此停止使用这一药品。

在死亡事件发生的时候，泰诺的市场份额从35%猛跌到10%，但由于公众从发言人的诚恳而坚决的讲话中看到了强生公司的悔改态度，所以就继续像以往一样购买该药品。从第二年开始，该公司重新站稳了脚跟，泰诺最终又成为全美国最常用的药品。

这个事件说明，讲话的态度是非常重要的，由心而出的诚恳表达，是会说服和感动人的。强生公司发言人的所有语言、表情和姿势都很自然和真诚，使得听众相信了他的承诺，期待公司做出相应的改进。如果那位发言人说要改正错误，但在讲话时却敷衍了事，表现不出完全的诚意，听众就不会相信强生公司能将人的安全置于自身的利益之上，就不会继续买泰诺药品，强生公司也就不能从困境中走出来。在人的情感表达中，话语虽然有一定的作用，但诚恳的态度（以眼神、表情、手势等表现出来）的感染力更强，足以打动人心。

5. 与谈话对象进行有效互动

良好的表达不仅体现在谈话者会正确运用词语、表情和姿势等进行交流，在谈话的过程中始终保持诚恳的态度，还突出地表现在谈话人能与对方积极地互动。交流过程中的有效互动主要体现在以下三个方面。

（1）适度讲话。

我们都有这样的体会，如果在谈话中总是自己在说，对方没有任何回应，会觉得交谈很没有意思，自己在唱独角戏；相反，如果总是对方在说，完全不顾自己的反应，又会觉得自己被忽视了。所以，在与别人谈话时，一定要注意交流的均衡性，让自己适度地参与对话，不能说得太多，也不能说得太少，应努力与对方平等地交流。只有这样，才能使双方都有机会充分表达自己的观点，在对话的过程中有愉悦和满意的感觉。

（2）积极倾听。

倾听是一种集中思想和情感的行为，其目的是准确理解别人和鼓励对方讲话，使自己弄懂别人的心思意念，也让与自己谈话的人感觉舒服。所以，我们不但要听懂他人的想法，更要激励对方把自己的观点完全说出来。为了达到这样的效果，在谈话时一定要全神贯注，停止做无关的事情，同时，还要保持与谈话对象的适当的眼神交流，以表示出感兴趣和尊重的态度。

许多人认为，倾听不需要什么技能，是人天生就会的。然而，倾听不是自然就具备的能力，是要通过不断学习和训练来提高的。它是有效交流的最重要的部分，理解他人的观点需要倾听，准确表达自己的意思也基于倾听。从严格意义上讲，没有好的倾听就没有好的交流。而且，要建立长远而牢固的人际关系，更需要认真、耐心和持续地倾听。

在人与人谈话时，经常会出现以下倾听方面的问题：①注意力不集中，出现不耐烦的状态，觉得对方说的内容与自己无关；②不尊重对方，随意打断对方的思维，使其无法完整地表达思想；③没有根据或不加思考，做出草率的评论；④为了推动对话的进度，不管对方说什么都频频点头，这其实是漠视别人的讲话内容；⑤试图阻止谈话的进行，执意转变对话的方向。这些不恰当的倾听行为，会严重破坏交流的效果，应当予以杜绝。

由于没有认识到倾听的重要性，所以通常人们在交流中的倾听状况不太乐观。据粗略统计，一个人在跟公众说话的时候，一般听众其实只能听到约10%的内容。还有一些人一点也听不到，他们假装在听或是有选择地听。威尔逊·米兹纳说过："一个好的听众不仅在任何场合都受欢迎，他还能接触到想知道的事情。"的确，我们要想创设融洽的谈话氛围，直至建立良好的人际关系，我们必须认真倾听，透彻理解别人，准确抓住他们的观点。很多人就是因为缺乏倾听能力，不能与他人进行有效的交流与沟通，所以始终无法拥有和谐的人际关系。

（3）恰当回应。

在对方说出一些观点之后，要及时给予积极的回应，可以是言语的，也可以是非言语的。不管用什么方式，都要表示自己接收到了对方的信息。更重要的是要表现出听懂了对方的话语，并且还在积极地思考。在谈话的进程中，要跟上谈话的节奏，尽力保持与对方同步，还要不断地表明自己的理解。在向对方表示理解时，最好不要用他人的原话，而是要说出自己对于对方观点的解释，以显示理解了说话者的观点和目的。这样，对方才能真正认为他被理解了，才会有愿望和动力继续交谈下去。只有当谈话的双方都感觉到被理解和被关注时，两人之间的关系才会更加亲密，彼此才会有更多的信任与尊重。

这里还需要提醒的是，双方在交流中不会总是赞成，必然会有不同意对方观点的时候（特别是当对方的想法不正确时）。在这种情况下，要有足够的智慧和技巧做出回应，既不能不说理由就简单否定，也不能用一大堆原因来一股脑地加以反驳。这时持相反意见的一方要向对方逐步地分析理由，把不同意其看法的道理讲清楚，使对方慢慢明白其中的原因，最后达到心甘情愿接受建议的效果。我们应当牢记，成功的交流不是所有的人都围绕和同意自己的观点，而是找到了彼此的共同点，共建一种和谐的对话氛围。

三、错误的情感表达方式

为了使情感表达更加适宜而且有效，能够促进与他人建立融洽的关系，我们不但要知道良好表达的基本要求，加强自我表达能力的训练，还要了解人际交流中容易出现的错误表达方式，以便在日常生活中防患于未然，主动地加以预防和克服，成为能够正确表达情感的人。下面我们来分析几种容易

引起人际矛盾和破坏彼此关系的情感表达方式。

1. 指责式表达

采用指责式表达方式的人,最突出的表现是凡事都怪罪对方,习惯于将责任或错误全部归结在别人身上,一味地批评和埋怨。如"都是你的错""你到底怎么搞的"是他们的口头语。很多时候,他们还非常挑剔,把一点点微不足道的小事看成是非常严重的事,向对方发泄所有的不满和责怪。在谈话之间,除了互相指责,没有其他的交流方式。这种互动的结果往往导致双方都变得十分谨慎,缩回到自己的"围墙"之中,以防受到对方的攻击。在指责式表达的伤害下,双方不再愿意互相倾听,也不再相互信任,而是彼此产生了排斥和失望。

习惯使用指责式表达方式的人大多有如下心理与人格特征。其一,指责式的人通常感到孤单,有较多的失败经历,但他们宁愿与别人隔绝,以保护自己的权威。他们往往是不自信的,因为觉得自己不够好,就"先发制人",把所谓的"错误"推到对方身上,以显示自己的"正确"。他们觉得向对方展开有力的攻击,是维护自己尊严的较好的防守。其二,这种人多数具有"完美主义"情节,总是追求最好的结果,如果达不到心中的"标准",或稍有不如意,就开始大发脾气和无理指责。其三,这类人缺乏情绪管理能力,不能有效地控制和调节自己的情绪,遇到不满意的事情只会以发泄的方式去处理。其四,他们的情感表达能力比较差,难以正确倾诉自己内心的想法、需求和愿望,所以常常以指责的架势出现在别人面前。为了从根本上避免指责式表达的发生,每个人都要努力加强心理建设和进行良好人格的塑造。

2. 安抚式表达

在人与人交流的过程中,安抚式表达往往会成为一种常见的说话方式。与指责式表达截然相反,为了让对方产生好感,安抚式的人会把对于一些事情的不同观点和不满的态度隐藏起来,使自己表面上看起来非常随和、温情和善解人意。无论对方提出什么要求或想法,也不管其要求和想法是否合理,嘴里总是挂着"是的""好的""没问题""我想也是如此"等顺应式的回答。他们很喜欢讨好别人,常常想尽办法取悦对方,甚至会做出许多不该有的道歉。安抚式表达被心理学研究者们称为"讨好型表达"。愿意讨好的人常常忽略自己，内在价值感比较低，他们的言语中经常流露出"都是我的错"之类的话，同时在行为上也过度和善，习惯于道歉和乞怜。

还有一种非常类似于安抚式表达的交流方式，即"怀柔型表达"。使用这种表达方式的人非常仔细地倾听，并尝试取悦对方，而不强调自己的观点。此种"殉道式"的表达方式，由于基本上是以规避冲突为目的，而非真正建立使双方满意的表达，因此往往没有效果。在这类表达中，一方无法知道另一方的真正想法，如果两人一直采取"怀柔"策略，很可能使双方都丧失自尊，最终让彼此的关系变得非常糟糕。

不敢依据个人观点进行自然表达的人，不但没有坦诚地面对别人，同时更没有真实地对待自己。一个人没有按照自己的本性与人进行沟通，是对自己最大的不尊重。这就像在对自己的灵魂说："我以你的一切为耻，所以我要把你藏起来，直到我使对方爱上我为止。到那个时候，我才会把你从密室里放出来。"在健康的人际互动中，双方的交流和沟通是坦诚和平等的，没有一方是在人为地违背自己的意愿来取悦对方。他们愿意敞开心扉谈论自己的观点，同时也期待对方给出中肯的意见和建议。这样的交流就像不断流淌的小溪，有着源源不断的活水，滋润着彼此的心田。

3. 超理智式表达

美国著名心理治疗师和家庭治疗师维吉尼亚·萨提亚曾对情侣及夫妻的表达类型做过大量的案例研究，定义出几种常见的错误表达模式，其中一种被称为"超理智式表达"。采取这种表达模式的人常常表现得极端客观，只关心事情合不合规定，道理是否正确，总是逃避与个人感受或情绪相关的话题。他们时刻告诫自己："人一定要理智，不论代价如何，一定要保持冷静、沉着，决不能慌乱。"超理智的人表面上看起来很优越，举动合理化，而实际上他们的内心很敏感，有一种空虚和疏离感。

在与人进行交流时，超理智式表达者会采取如同电脑般的机械立场，对事情的分析和判断都非常冷静，态度也十分冷酷，在谈话时并不在乎对方与自己的感受，随时保持着理性，以免出现情绪化。所以，有些研究者也将这类表达叫作"机械式表达"。虽然超理智者的语言富有逻辑，着重于抽象与理性的分析，但却毫无感情，说话口气平板、单调和生硬，不考虑别人的情绪。这种表达经常会使对方感到挫折与愤怒，使两个人无法将对话进行下去。

超理智式的人在与人沟通时还表现出从不接受对方指出的错误，却总是希望别人能遵守规则和履行责任。另外，这类人不会轻易表露自己的情感，也对他人的情感予以压抑。因为害怕涉及情感，他们在谈话时宁愿利用一些事实和数据来申述自己的观点。

4. 逃避式表达

与超理智式表达的人大相径庭，采用逃避式交流方式的人会躲开对方提出的问题，避免直接的目光接触和回答问题。在与人交往的过程中，当他们遇到难以回应或处理的问题时，会用一些不相关的事情来做挡箭牌，以减轻自己面对那件事情的压力。因为担心直面问题会引起双方的辩论甚至是激烈的争吵（在他们看来那是极其危险的），逃避式的人经常迅速转移话题。例如，在对方说出一件难以回答的事情时，这类人会说："什么问题？我们好长时间没有看电影了，你想去吗？"他们心中缺少解决问题的勇气，内心存在焦虑和畏惧的情绪，对双方的关系没有信心和把握，所以总是想尽办法避开正在谈论的话题，尽力在两个人之间创设一种所谓的"和谐"的气氛，这样会使自己心里感到安全。

人在交流中应始终坚持一条最基本的原则，那就是"真实而直接地表达自己的观点"。当两个人的意见不一致时，真实地倾诉自己的想法，并不意味着一定会损伤彼此的感情。如果表达的态度正确并且语气得当，反而会增进相互的认识和了解，在两人之间产生更深程度的亲密感。坦诚能够在双方之间架起一座心灵桥梁，也如开启了通往内心的大门，让两人都能感觉到真实的对方。反之，如果没有感情上的坦诚，总是回避自己的真实想法，彼此的关系就会停留在表面上，无法扎根于深入的了解和相互的信赖之中。

通过对以上错误表达方式的分析，使我们认识到人与人之间的交流十分复杂，情感表达的方式也变化多端。如果不了解其中的原理，不掌握正确表达所需要的知识和技能，便很难使我们与他人的交流顺畅，达到理想的沟通效果。因此，我们应当努力学习和掌握与表达有关的理论，并且在生活中积极地加以运用，培养和训练自己的情感表达能力，把不断提升这种能力作为一项长期的任务去完成。

▶ 课后自我训练 ◀

♥ 针对自己情感表达能力的现状，按照 1～10 分的等级，认真地做一次自我评价，评定出自己的得分，看看对其结果是否满意。

♥ 分析并且反思你与班上同学/工作单位同事的沟通情况，找出你在词句、语气、语调、表情和肢体语言等方面的问题与不足，并在学习/工作的交流中有针对性地加以改进和弥补。

♥ 分析并且反思你与家人的沟通情况，找出你在词句、语气、语调、表情和肢体语言等方面的问题与不足，并在生活的交流中有针对性地加以改进和弥补。

♥ 询问可靠的朋友、同学/同事和家人，请他们分析你的情感表达和与人交流的现状，特别要分析一下你在遇到特殊情况时的说话表现，把其中的优点和需要改正的地方找出来。

♥ 认真选择一个你认为表达很优秀的人物，可以在所处的环境中寻找，也可以在影视作品中挑选，细致观察他/她的情感表达，包括词句、语调、表情和肢体语言等，归纳出你要学习的优点，并且在平时与人交流的过程中不断尝试和实践。

♥ 经过你的认真分析之后，找到一个自己感到很难沟通的人，针对生活中的某件事情，试着向对方表达你的想法或观点。在实际与那个人交流之后，回味自己的真实体会，总结其中的经验以及需要进一步加强的地方。

第五课　自立

学完本节课，应努力做到：
- 理解自立的基本含义；
- 了解自立的行为表现；
- 掌握提高自立能力的方法。

每个人在生存的过程中都扮演着许多不同的角色，如领导、员工、家长、子女、妻子或丈夫等，承担着自己应尽的义务和责任。无论履行哪一个角色，有无他人的支持和帮助，都需要独立地思考和行动，自主地解决所遇到的各种问题和困难。对于一个人来说，自主能力不但是必需的，而且是非常重要的。它不仅关乎人对生活中具体事情的处理，能否果断、独立地做好，而且会影响到人对自我的感觉以及对自我能力的心理判断。

然而，在现实中我们可以看到很多人在自立方面存在缺陷，遇事不能进行独立的分析，更不能采取自主的行动。他们无论做任何事情，都离不开别人的指点或参与，完全不能在思想和行为上独立。由于不具有自立能力，他们就没有自己的想法，更不可能按照自己的意愿去行事。长此以往，这种人就会彻底丧失自我，无法发挥已有的天分和智慧。同时，由于过度的依赖性，也会影响到别人对他们的重视和尊重。因此，要想真正把握自己的生活方向，最大程度地实现个人的价值，发展自立能力应当是一项重要的任务。

在这一节课里，我们将详细地分析自立的真实含义以及典型的行为表现，并且针对如何提高自立能力，提出一些在日常生活中可以具体运用的自我训练方法。

一、自立的表现

"自立"（Independence）这个词听起来非常熟悉，人们常说"要成为一个自立的人"。然而，对于这个被大众频繁使用的词，却很少有人用心去理解它的深刻含义。真正的自立有哪些表现，人们通常对它的认识有哪些不足，这些都需要去认真分析，以便使我们能够真正懂得什么是自立，为培养自己的自立能力打好认识上的基础。

1. 坚持独立的思考

自立的第一个突出特征是，在内心深处有一个较强的自主意识，面对事情能够独立地思考，极少受到他人的想法、愿望和情感的影响。有自立能力的人一般都很相信自己的直觉和判断。在做一项决定的时候，他们倾向遵循自己的生活方向，独立选择自己的前进道路，不屈服于主流的思维方式，不让别人决定自己的事情。当然，自立的人并不会漠视旁人的意见、建议和期望，会考虑他人的见解，也会"过滤"外界的相关信息，但最终还是会按照自己的意愿进行决策。《韦氏词典》将自立定义为："不受他人控制，不屈从，不附属，不加入更大的控制单元。""自作主张"是他们行事为人的一贯风格，总是力争体现自己的信念和价值观。在他们的心里，总会有一个清楚的自问自答的问题——什么才是最适合自己心意的决定。在不断的自我分析与综合的基础上，他们能够做出真正符合自己心理需求的决定。

2. 采取果断的行动

自立的人试图掌握自己的命运，对个人的生活高度负责，总是孜孜不倦地奋斗着。为了实现自己的目标和理想，他们敢于探索和冒险，一经决定就付诸行动，会毫无顾忌地追求自己想要的东西。他们在做事情的时候，不会优柔寡断，行事方式是雷厉风行的。自立的人勇于尝试新事物，并且产生多种多样的兴趣和爱好。他们在面对困难时，不会放弃自己的目标，具有面对挑战的气概。自立不但是个体在各个方面取得成功的必备心理素质，同时也是各个层次的领导所具有的核心能力之一。领导者有了自立能力，就会在带领单位或集体开展各项工作的过程中，大胆而果断地进行决策，采取必要和及时的行动。

3. 具有很强的内驱力

与那些对于客观环境依赖性比较强的人相比，自立的人并不是那么热切地渴望赢得他人的肯定和欢迎，别人的赞扬不能成为重要的推动力量，而更大的驱动力来自于内心的坚韧。他们不会只把社会或者他人的期待作为自己前进的动力，心中的美好理想才是努力向上的真正的力量源泉。从这一点来看，自立的人也是一个自我实现欲望很强的人，始终在不断地自我激励，努力发挥和挖掘自身的最大优势与潜能。

4. 表现情感的独立性

具有较强自立能力的人，不但在认知方面有自己的观点和判断，在情感上也是相当独立的，对他人的心理依赖比较少。一般来说，他们不会在情感上过度依赖家人、朋友或恋人，而是能够把握自己的心理和情绪。当然，这并不意味着自立性强的人不具有丰富的情感，而是他们能够使自己不受依赖性情感的束缚，让个人的情感从各种过分的人际牵制中释放出来，成为管理情感的主人。例如，当配偶离开人世的时候，他们不会过度地悲伤，能够控制住自己的情绪，很快恢复到正常的生活状态；当自己的子女远在外地，不是日思夜想、过分地牵挂，从而影响到自己的精神状态。凡是自立的人，内心的力量都很强大，都有自己的精神家园和独立的心灵寄托。

总之，自立的人是一个能够主宰自己命运的人，具有很强的自尊感和自信心。他们能够掌握和遵循自己的生活节奏，尽力满足自己的愿望，对自己的人生负责。所以，自立的人生活得非常自主，努力追求着自己心中的梦想，外界的影响与干扰不会成为阻挡他们前进的羁绊。

二、自立的人物榜样

自立的心理品质对于一个人在事业上取得成功是至关重要的。具有这种情商能力的人，总是会在所处的客观环境中进行独立判断，衡量其环境是否有利于自己充分发挥才能和潜力，积极地寻求自己能够胜任并能产生巨大影响的工作。下面我们来了解一位在自立方面表现得尤为突出的成功人士，他就是享誉世界的华人企业家——李嘉诚。

案例 5-1

　　李嘉诚于 1928 年 7 月 29 日出生在广东潮州潮安县一个书香世家。他的父亲是一位小学校长，让李嘉诚从小接受了很好的学校教育和家庭教育。在父亲的影响下，李嘉诚在小时候就怀揣梦想，并且对精忠报国之士非常敬佩。他一有时间就在自己的小书房里废寝忘食地读书。然而，这种幸福的日子并不长久，从 1936 年 6 月开始，日本的飞机没日没夜地轰炸潮州地区，潮州城变成了一片废墟，发生了许许多多家破人亡的惨剧。为了躲避战争带来的灾难，李嘉诚的父亲带着一家人，于 1940 年秋天辗转逃难到了中国香港地区，当时李嘉诚才 12 岁。

　　全家人到了香港地区之后，投靠了李嘉诚的舅舅，开始了寄人篱下的生活。少年的李嘉诚对于香港和自己的未来充满了好奇和许多美好的理想，他开始在一所学校读书。可是，这种平静的生活很快就被打破了，由于日本占领了香港，整个香港城陷入了混乱之中，居民开始朝不保夕，以往繁盛的香港已不见踪影。李嘉诚一家在香港的生活也变得更加艰难，他的母亲经常到菜市场捡回菜叶给全家熬粥。由于受贫苦的生活所迫，李嘉诚含泪离开了学校，开始在一家酒楼做杂役小工。

　　虽然战争给李嘉诚带来很多的痛苦，让他饱尝了人间的辛酸，但他从未悲观失望，以一心向上、顽强不息的拼搏精神经受着生活的考验。他每天在酒楼里要干很多活，如洗菜、整理餐具、泡茶、端菜、扫地、侍候客人等。他对自己要求非常严格，每天晚上都会认真地准备第二天的用品，把各样事情打理得井井有条。随着与客人接触的增多，李嘉诚增长了很多社会见识，对于生活的领悟也更加深刻。

　　不久，李嘉诚的父亲因患严重的肺病离开了人世，他便开始承担起供养全家的重担。在父亲病逝不久，李嘉诚开始到舅舅开的钟表行上班，仍然做杂务小工。他虽然只有 16 岁，但每天都是第一个上班，最后一个离开。在那段时间里，李嘉诚非常想上学读书，但现实与环境都不允许，他就去二手书店买很便宜的旧教科书来学习。在他读完一本之后，又卖回给那个书店，同时再买下另一本回来自学。李嘉诚每一天都挤出一些时间来自修中学课程，书籍是他的精神食粮和寄托。

如同在酒楼一样，李嘉诚在钟表行也非常努力地工作，同时，由于坚持刻苦读书，他的文化水平也在不断地提高。有一天，李嘉诚帮助老板给客户写信，获得了客户的赞誉，让老板觉得很有面子。他的诚实可靠也赢得了老板的喜爱，把他从杂务小工调升为仓务员，让他管理钟表、表带和零件等货品的入仓和出仓。

1945年8月15日，日本宣布无条件投降，此后香港地区原有的工业与经济逐渐恢复起来。李嘉诚从钟表行转到了一家塑胶公司，成为一名推销员。上班之后，他把表妹送给他的手表调快了20分钟，努力让自己走在时间的前面，把事情提前做好。从少年开始，李嘉诚就非常注重个人形象，总是保持仪容整洁。由于他对自己要求严格，做事非常认真，为人态度诚恳，所以深受客户的信任和喜爱。

在李嘉诚上班的公司里，推销员一般每天工作8个小时，而他却工作16个小时。为了推销公司的产品，他走遍了香港的大街小巷，全面了解市场的动态、运行方式和销售网络。在独立思考和勤奋工作的过程中，李嘉诚经受了商业磨炼，领悟到商品、顾客和市场三者之间的密切关系，对市场的需求有了准确的认知。他的业绩总是在公司员工中排名第一，销售额是第二名的七倍，工资曾经高出总经理的两倍多。除了在工作上奋发努力之外，他不间断地自修专业知识，订阅了《塑胶工业》《当代塑胶》等杂志，及时了解世界上塑胶的信息和技术，其中的相关知识为李嘉诚的推销工作提供了重要的专业支持。

由于工作能力和业绩都非常突出，李嘉诚在18岁时被老板提升为业务经理，管理两百多名员工。那时的他走上了企业家的发展道路，开始学习处理与商业伙伴的关系，思考如何领导和管理员工，同时，公司的快速发展也让他体会到新兴工业与新技术的重要性。一年以后，李嘉诚当上了那家销售公司的总经理。在22岁那年，他看到了塑胶制品市场大有前途，决定自立门户，用多年攒下的积蓄，并向亲友筹借了 5 万港元，租了一间厂房办起了长江塑胶厂，毅然决然地走上了创业之路。

在李嘉诚的职业生涯中，经历了无数次大的转折，而每一次他都果断做出决定，走自己最想走的路。由于他具有极强的自立能力，能够在企业处于发展的关键时刻审时度势，所以他的事业一直蒸蒸日上，取得了无比辉煌的成就。他于 1981 年获选香港风云人物，1989 年获英国女王颁发的 CEB 勋衔，1995—1997 年任香港特区筹备委员会委员。自从 1999 年被美国《福布斯》杂志评为全球华人首富以来，连续 15 年蝉联这个宝座。在 2014 年《福布斯》杂志公布的全球富豪排行榜中，李嘉诚的净资产总值高达 310 亿美元，蝉联亚洲首富，全球排名第 20 位。

李嘉诚还是一位热心公益事业的企业家，于 1980 年创办了"李嘉诚基金会"，其宗旨是能够更有系统地资助香港及世界各地的慈善事业。该基金会主要捐款给教育、医疗、文化及其他公益事业。

从李嘉诚的故事中我们可以看到，他有很多优秀的品质，如心中有梦想、虚心好学、不畏艰难、勤奋工作等，但最突出的一点是他的自立的意识和能力。无论处在逆境还是顺境，他都能通过自己的细心观察和积极思考，独立地做出决定。这种超越常人的谨慎判断和自我决定的自立能力，是李嘉诚取得非凡成绩、成为商界超人的关键情商因素。正如他对自己的描述一样："在决定一件事时，事先都会小心谨慎地研究清楚，当决定之后，就勇往直前去做。"这些宝贵的情商特质使李嘉诚必然成为一个卓越的自立强者。

三、自立能力的培养

自立能力的养成受到许多因素的影响，包括家庭的教养方式、所处的客观环境、生活与工作的经历和成就、主动提升的意识、自我培养的方法等。在这些因素中，有的是不能改变的，有的是可以掌控的。在能够把握的因素当中，个人的训练应当引起人们的注意。自立能力不会与生俱来，它需要在生活的过程中循序渐进地发展起来。要想使自立能力不断增强，除了要有努力提高的自觉性之外，还要知道如何有效地锻炼个人的自立能力，怎样才能培养自己的独立人格。下面我们就针对自立能力的培养，提出一些具体的建议。

1. 不依赖别人

无论在生活中还是在工作中,我们都会遇到依赖性很强的人,他们很难在各方面独立起来。依赖他人主要表现在三个方面:一是思想上的依赖,自己不能对事物进行分析和判断,只能依从他人的想法和观点;二是行为方面的依赖,自己不能独立做事,必须要靠别人帮助或代替来完成;三是情感上的依赖,总是要求别人关注和呵护自己,他人的情绪和情感会直接影响自己的心理状态。这些方面的依赖将大大阻碍自立能力的形成,而且最终会使一个人彻底地丧失自我。因此,一个人要具有独立的人格,就得从这三个方面除去依赖性。美国作家帕特里夏·辛普森曾说过:"自力更生是通向自由的唯一道路,做你自己是自由的最大奖励。"如果一个人能够做到不依赖别人而生活,他就会达到一种自如的人生状态。

下面是美国情商研究专家史蒂文·斯坦和霍华德·布克在《情商优势——情商与成功》一书中给出的一个案例。

案例 5-2

山姆非常有人缘,他刚上大学二年级,就已经认识了很多人。他通常不去上课,一直让同学为他记笔记。他想让谁帮助他通过某门课的考试,他就跟那个人特别亲近。山姆虽然不能独自学习,但总是能利用别人得到课堂笔记、帮助他做作业、辅导他写论文,甚至为他准备测验和考试所必需的资料。

从案例中山姆的表现来看,他对别人的依赖达到了非常严重的程度。他在学业上完全依附于他人的帮助,自己已经丧失了正常学习的能力。他在学业方面如此依赖,在其他方面也很难有自立的状态。

山姆的案例使我们联想到,现在中国的许多家长也是处处替孩子做主,为孩子做事,不给他们锻炼自立能力的机会,其结果是给孩子的将来埋下了很大的隐患。孩子不能自立,无法独自应对学习、生活和交往中的各种问题,到头来必然会成为人生道路上的失败者。为了孩子的未来,家长应高度重视青少年自立能力的培养,尽早让他们为自己的事情负责,使他们在不断尝试自我决定的过程中成长起来。家长只有这样做,才是对孩子的最大的爱,才能使他们有一个光明的前途。

2. 自己做决定

许多人虽然不是事事都依赖他人,能够处理生活和工作中的一般事物,但是一旦遇到较为困惑的事情并且需要做出决定的时候,他们就会难以做出自己的抉择。有些年轻人在考哪所学校、学什么专业、进入哪一个职业或找什么恋爱对象的事情上,完全没有独立的主见,任凭他人来为自己拿主意;还有一些年轻人极少独立地工作,处处都需要别人来把关定向,不能成为独自担当任务的团队成员。缺乏自立能力的结果是:自己的感觉不好,自我价值感很低,同时也会被他人看轻。因为别人会感到负担较重,时时都要为其分忧解难。

为使自己独立起来,也让他人感到轻松,每个人都要努力尝试自己做决定,把握生活和工作中的各样选择。如果暂时还没有勇气在大事上作决定,可以先从小事开始试着为自己做主。在经历一个个不断作决定的过程之后,自我决断的胆量会逐渐增大,慢慢就敢于在重要的事情上作决定了。《摩奴法典》上说:"不要依靠别人,而是要靠自己,真正的幸福来自于自力更生。"一个人只有具备了独立于他人的思想和见解的能力,并且能够依照自己真实的心意去做每一个决定,才能获得人生的自由和永久的快乐。

3. 不怕做错事

许多人在遇到事情时很难独自处理,不敢自己做决定,其主要原因是怕做错了事情。以他们的感觉,做错事情的代价很大,自己承担不起,而且还会被别人看不起。由于头脑中存在这种认识,他们在行动上就过分地小心翼翼,在害怕犯一丁点儿错误和渴望他人认可的心理状态下处理事情。长此以往,这种人会感到压力很大,心情得不到放松,情绪十分紧张,在形成自立人格方面存在相当大的困难。

客观地讲,自立是会有一定风险的,自己的决定不可能总是正确的。一个人说错话、做错事的情况常常发生,但只要能够从错误中汲取教训,及时地加以修正,就会不断地改进与提高。我们不能因为怕犯错误,就不去决定事情,也不积极地采取行动。如果一个人什么风险都不敢担当,总是不能对自己的生活负责,那他就是在原地踏步走,甚至是逐渐倒退,永远不能实现自己的人生目标。所以，人应当敢于独立，不怕做错事情，在结果中找到错误所在，才能够使日后的道路更加顺畅。

4. 不恐惧失败

"失败是成功之母"是一句老话，意思是说失败是成功的先导，一个人只要善于在失败中获取经验与教训，就一定会取得最后的成功。每一个获得非凡成就的人士，无一不经受过失败，而且他们承受的都是很大的失败。美国发明家托马斯·爱迪生在试验电灯丝的时候，曾经试用了6000多种材料，最后只有一种是成功的。经过一次失败，他就排除了一种试验方法，距离成功就更近了一步。他的这项发明对人类的贡献是巨大的，给世界带来了光明。

失败本身并不可怕，可怕的是不能经受失败的脆弱心理。在当代社会，一些人尤其是有些年轻人，对于成功的到来过于急切，很想马上就实现自己的理想，因此，他们不能容忍失败的出现，害怕失败挡住他们通往成功的道路。由于对失败的惧怕，而导致了对独立作决定的恐惧，怕自己的决定会带来不利的结果，不能承担失败的后果。凡是有这种心理倾向的人，是无法获得成功的，因为他们只是在空想着成功的来临，没有丝毫的勇气和实际的行动，并未真正走在取得成功的道路上。

克服惧怕失败的心理的有效方法是，认真分析失败的可能性有多大，具体会有什么样的失败，怎样应对和弥补失败的结果。如果事先把这些问题都考虑到了，并且做好了心理上和行动上的准备，制订出相应的补救计划，即使失败真的出现了，也会沉着对待，也能在失败中站起来继续前行。如果失败不能成为一个人自立和自强的阻拦，那么他离成功也就不远了。

四、关于自立的提示

从上面的讨论中，我们了解到自立能力对于一个人的成长与成功具有非常重要的意义，并且通过积极的培养是可以逐步发展起来的。当然，自立品质形成的过程也不都是顺利的，一些人因为对于"自立"这个概念的曲解，会出现影响自立能力发展的思想上和行动上的偏差。为使读者了解容易出现的误区，我们在这里展开一些分析。

自立并不意味着固执己见。在很多人看来，自立就是跟随自己的心意走，绝对相信自己的主张是正确的，不需要从多个方面对自己的想法和行为进行验证。其实，这种认识是不正确的。真正的自立并不是盲目地相信自己，忽视别人而闷头走自己的路，不对自己的决定进行分析和判断。绝对不寻求别人的帮助和总是依赖别人的帮助一样糟糕。具有自立情商品质的人会根据自己的目标，认真地收集各个方面的信息，在必要的时候还会吸收新的观点和建议。他们并不是封闭自己的人，而是愿意对于客观事物进行深刻透视并做出决定的人。他们不是死板地坚持自己的观点，也不是僵化地看待个人的决定，不会用傲慢地拒绝合理的建议来证明自己的自立。他们能够在复杂多变的情境中权衡利弊，独自做出最恰当的决定。下面的案例是加拿大劳拉女士的故事，简述了她在职场中灵活发挥自立能力的做法。

案例 5-3

高中毕业后的那个夏季，劳拉在阿拉斯加州的一个旅游公司找到了一份业务协调员的工作。阿拉斯加人的独立意识比较强，充分享有自由的个性特点十分突出。从这点来看，此种环境似乎比较适合具有同样独立品质的劳拉。然而，在这样的氛围中，想做好工作并不容易，她需要协调一些年龄较大的旅游车司机。那些司机的年龄几乎都比她大，而且有些人为该公司工作了很多年。

虽然劳拉喜欢自己的独立性，但她发现独立是需要付出代价的。由于她平时显得比较自主，在大多数同事都被邀请参加社交聚会时，她却经常被忽略了。她开始审视自己，发现自己过于独立了，与一些员工相处得不是很融洽，甚至会觉得自己孤单无助。为了消除这种感觉，她开始向同事征求意见和建议。虽然她只是偶尔把那些建议落实在工作中，但她一定会向每一位提出建议的同事表示感谢。经过一段时间之后，她渐渐发现周围的同事对她越来越坦诚和热情了。她希望自己不要再像以前那么"独立"，能与同事接触更多。

公司的老板非常看重劳拉的独立思考和独立行动的能力，并且在决策过程中相信她的判断力。因为公司的业务增长非常迅速，很多决定都需要当即拍板，老板正需要具有这种能力的人才。除了独立意识非常强以外，劳拉还善于解决问题，头脑反应很快。她对自己的能力很自信，也很有同情心，能设身处地为他人着想。她利用自己良好的社交技能为不太满意服务的客户排忧解难，安抚了那些客户的情绪。

劳拉很清楚自己的优势是什么，领导为了鼓励她，就把劳拉安排在她非常喜欢并且擅长的岗位上，赋予她更大的责任。因为老板的业务已经多得处理不过来了，而劳拉又深得老板的信任，所以老板就很愿意把更多的职责交给劳拉去承担。

我们从这个案例中看到，劳拉的情商的确很高，她没有以个人具有很强的独立性而自居，而是及时、敏锐地发现自己所处的环境的特点和同事们对她的反应，对自己的言行做出智慧的调整。她虚心听取他人的建议，进行认真的分析，并且将其合理地运用于工作之中。与此同时，她仍然充分发挥自己的优势，大胆地进行独立思考、判断和决定，因此受到公司老板的重用，为企业做出了很大的贡献。劳拉将自己的独立性发挥得收放恰当，不但成了公司的主力，也树立了自己在工作岗位上的良好形象。

自立并不等于完全排他。自立能力强的人虽然总是能够独立做出决定，按照自己的意愿行事为人，但他们并不像人们所认为的那样会疏远他人。由于这种人具有很强的分析与辨别能力，所以往往喜欢接触其他有思想、有主见的人，也愿意用敞开的态度与人交往，以便从交流中了解别人的观点，使自己的想法或决定更加合理。

从另一个方面看，由于思想的敏锐和不盲目跟从，具有独立性的人还非常容易引起他人的兴趣和关注，因为他们总是会给人带来一些不随潮流的新观点，也能提供一些独特的帮助。当人们有了问题和困惑的时候，往往愿意去找那些真正具有自立品质的人。这种人在关键时刻不会人云亦云，能够成为得力的参谋，帮助他人做出重要的决定。

总之，真正自立的人并不固执和封闭，也不会远离人群。他们喜欢从外界吸取信息，进行全面而客观的分析，从而不断地调整个人的想法，提高自我决定的正确性。他们也愿意与他人相处，融入一个集体当中。在相互交流的过程中，彼此分享观点和想法，同时也帮助别人分析问题、做出决定。所以，无论对己还是对人，这种高情商的人都会释放出很多的正能量，能够在保持自立品质与融入集体之间找到恰当的平衡点。

课后自我训练

♥ 回想一下，近半年来你曾在生活、工作或学习等方面做过哪些决定？将其写在一张纸上，从小到大排出顺序。你一定会为自己已经独自做出那些决定而感到欣慰和自豪。

♥ 如果你感到自己的自立能力比较弱，试着从小事开始做决定。把你近期需要做的事情列在纸上，并且要求自己在尽短的时间内对每一件事情做出决定。

♥ 选择一件你自己最喜欢而且曾经想做却没有做的事情，尝试自己独立去做那件事，之后回味一下切身的体会。

♥ 如果你目前参加了某些团体或在一家公司工作，反思一下自己在其中的表现，必要时是否能够独立地表达自己的想法和观点。如果你还没有做到，要求自己在日后的活动和工作中大胆发表见解。

♥ 试着审视自己，你在哪些重要事情上最怕犯错或失败，因而影响了你做决定的勇气。如果你预想的错误或失败真的出现了，判断一下你能否承受其后果。倘若你能承担所发生的后果，就应该去做你担心出错或失败的事情，因为那些事情需要你尽力去做好。

♥ 在生活、学习或工作中，你在哪些方面总是离不开别人的帮助，不能独立地完成任务？试着在那些方面逐渐减少他人的帮助，努力提高自己的自立能力。

♥ 在书籍里或生活中留心发现自立能力强的人物，认真学习他们的独立自主的精神，并且在实践中不断地进行自我培养，使你的自立品质发展得更好。

第六课　自信

学完本节课，应努力做到：
- 了解自信的益处；
- 理解构成自信的能力要素；
- 了解自信的外在特征；
- 掌握获得自信的基本方法。

自信是心理学家们研究和讨论较多的心理素质之一。许多现实世界中的成功案例告诉我们，不管一个人的外表有多么庄严，权力有多大，或在某个领域里有多高的威望，自信都是必备的心理素质。人有了自信，就像大楼有了水泥钢筋柱子一样，整个人便有了支撑，不会轻易"倒塌"。因此，要想让自己的生命更富有力量，能够经受住各种艰难困苦，在工作和生活中取得更大的成就，对于自信心的培养便成为一件非常重要的事情。

然而，一些人并不重视自信心的养成，从未有意识地对它加以训练，每当遇到困难的时候，虽然完全有可能去克服，但由于没有足够的信心，不相信自己能够战胜困境，结果总是被困难吓倒，无法实现自己的目标。在很大程度上，信心要比做事的方法更重要，因为有了自信，就可以全力以赴去学习和掌握所需要的知识与技能，克服前进道路上的重重障碍，坚强而乐观地承受失败，直至美好理想的实现。

在这节课中，我们来探讨自信的问题，希望通过系统的讨论使读者获得有益的启发，开始努力培养和加强自信心，最终成为一个内心强大的人。

一、自信的益处

自信（Assertiveness）是一种十分宝贵的心理品质，对于人的影响非常大，它能决定人的前途和命运，会给人带来诸多的益处。在深入剖析自信的内涵之前，我们先来了解一下自信心有哪些重要的作用。

1. 释放积极的心理情绪

凡是自信的人，都非常积极和乐观。他们对于自己、工作和生活都充满了希望和憧憬，有一种奋发向上的拼搏精神。所以，即使在最平凡的日子里，或是在遭遇难处的时刻，也会看到他们的充满阳光气息的言谈举止，感觉到他们释放出来的意志坚定的饱满情绪。具有自信的人，不但自己充满朝气，而且能够对周围的人产生很多正面的影响，带来一种生机勃勃的气氛，使他人受到强烈的感染，获得很大的鼓舞和激励。与此同时，自信的人也很容易被他人了解，别人愿意接近他们，非常有利于建立积极互动的人际关系。

2. 赋予自己更多的力量

自信的人都有坚定的心态，相信自己有能力把握现在和未来。他们一般不需要外界的刺激和推动，能够自我提供心理支持，让自己感到很有底气。自信心是他们的"内部发动机"，可以不断为自己供应心理能量，应对人生中的各种险境和挑战。由于有自信心来保驾护航，他们在任何时候都不会缩手缩脚，在工作和生活中会有强大的力量，能够最充分地将自己的知识、技能和经验用于实现自己的理想。自信是一个人前进的动力，有了它就不会在人生的道路上徘徊不定，就能够朝着既定的方向勇敢地走下去，直到达成心中的目标。

3. 增加人生发展的机会

一个拥有自信的人，能自然而然地排除那些不利于个人发展的负面心理情绪，如害怕、胆怯、焦虑和恐惧等，能够大胆地选择、抓住和创造有利的机会，敢于在生活中冒险，去探索人生的许多可能性，让自己的生活愈加丰富多彩，也使生命更有意义。与缺乏自信的人相比，有自信的人没有畏惧心理的阻挡，会不断地发挥和挖掘自己的潜能，去做没有做过的事情，进入从未尝试过的领域，为自己开辟新的天地。因此，对于自信的人来说，不但个人的生命价值能够得到最大程度的体现，而且对于社会也能做出更多、更大的贡献。

4. 体现个人独特的风格

自信的人一般都具有开朗的性格，在公众面前不受拘束，敢于坦率地发表个人的见解，使得别人很容易听到他们的心声。当有了与他人不一样的想法的时候，他们会在语言中和行为上表现出来，展示个人的思想和独特见解，让别人知道他们的愿望与诉求。正因为自信的人具有这样明朗的人格特点，所以总是魅力十足，很自然地受到他人的喜欢，容易结交很多朋友。同时，还由于他们的自信与执着，做起事情来十分坚定和果断，也很容易获得他人的敬佩和信赖，成为众人的帮手和依靠。

5. 提升内心的幸福感

一个人有了自信心，就少了怀疑和忧虑的情绪，心中便有了很强的力量感。内心拥有了力量，自然就会对任何事情不灰心、不失望，觉得既踏实又放松。英国伟大的剧作家萧伯纳曾说过："有信心的人，可以化渺小为伟大，化平庸为神奇。"在自信心的支持下，人一定会不断取得进步，在自己所从事的工作中取得非凡的成绩。自信心的不断增大，成就的不断积累，必然使一个人产生很强的自我价值感，心里充满喜悦与快乐，从而使幸福感也不断增加。

二、自信的能力要素

虽然人们经常使用"自信"这个词，也非常希望自己成为一个充满自信的人，但许多人未必知道自信是由哪些能力要素构成的。一个人至少具备了哪些能力，自信的个性才能形成呢？按照美国情商研究专家史蒂文·斯坦和霍华德·布克的观点，自信是由三种能力构成的。

1. 表达情感的能力

自信的人具有倾诉自己心理感觉的能力，能够准确表达喜悦、悲伤、害

怕、愤怒等情绪，愿意向他人吐露自己心中的感受，从来不怕别人看不起或者误解自己。他们在表达自己情感的时候，是直截了当的，不隐瞒自己的真实感受，会如实地把它说出来。然而，一个不自信的人通常会将自己的真实感觉隐藏起来，没有公开表达情感的勇气和能力。

2. 公开而全面表达自己的想法和信念的能力

除了敢于表达喜怒哀乐的情感以外，自信的人无论在何种场合都能够坦诚地说出自己的想法、观点和意见，也能大胆发表不同寻常的见解。自信的人总是说自己想说的话，而不是看着他人的面孔小心翼翼地说别人想说的话。他们很确信自己的分析和判断，具有鲜明的立场，同时，也非常相信自己能够处理好所面对的事物，完全有能力把握当下的时局。即使公开表达观点会对自己产生不利或有所损失，他们也不畏缩、腼腆和胆怯。自信的人要让周围的人听到自己的声音，施展对于环境和事物的影响力。由于他们具有敢于把自己的想法公布于众的胆量，所以总会显得与众不同。

3. 正当维护个人权利的能力

自信的人对于自己的尊严、名誉和权利很注重保护，清楚地知道个人的防卫边界在哪里。他们会捍卫自己的权利，不允许他人无理或非法侵犯自己的利益。他们善于在生活和工作中运用合理的方式保护自己，通常不会受到侵害。与其相反，不自信的人就不能保卫自己的权利，很容易受到他人的干扰和影响，很多时候还会被别人无理压制和侵害。

通过上面对于构成自信的三种能力的分析，读者应该进一步理解了自信的内涵，从本质上加深了认识。倘若建立自信心是要努力达到的目标，那么，对于每一种能力的锻炼和提升，就成了非常具体的任务。

三、自信的外在特征

具有强大自信心的人，不但拥有内在的力量，具备以上三种心理能力，同时还表现出非常得体的外在特征，很容易被旁人观察和感觉到。

1. 外表自然

我们在生活中很容易看到，自信的人在外表上是非常放松的，在表情、姿势和言行举止上都很自然。他们总是表现出一种轻松自如的状态，也会散发出活泼的生命气息，显示出对生活充满信心。他们不会时时拘禁自己的姿态，也不会过分控制肢体动作。在与人交往和接触的过程中，他们显得非常放松和自在，表现得落落大方。因为他们能够全然地放开自己，以非常自然的状态与他人交流，所以会让人感到很舒服，从而愿意与这样的人接近。

2. 表达适中

一个真正自信的人，无论在什么场合讲话都是沉稳有度的，会用适宜的音量和速度来表达，清晰而有节奏地陈述自己的观点和感受。美国第32任总统富兰克林·罗斯福曾说过一句话，"温言在口，大棒在手"，就是在揭示这个道理。人们也常说"有理不在声高"，把握了道理的自信是不需要用高嗓门来证明的。而且，自信的人在讲话时目光稳定、眼神集中，透出非常有底气的神情，也能在紧张或危急的情况下保持冷静。而只有那些缺乏自信的人在讲话时才会装腔作势，故意提高音量，加快说话的速度，硬性地将自己的想法强加于人，让别人接受他们的观点，同时也试图使人感到他们很自信。但事与愿违，一个人越是抬高嗓门，越是用极快的速度讲话，越能暴露出内心的紧张和胆怯，显示出自信心的缺乏。

为使人们了解自信、不自信和过分自信的区别，史蒂文·斯坦和霍华德·布克提出了"自信连续线"的图示方式，在一条直线上用三个点来表示三者的关系，如图6-1所示。

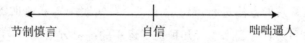

图6-1 自信连续线

这个直线图清楚地表示出，自信处于不自信（节制慎言）和过分自信（咄咄逼人）之间，与两个极端情况相比，是一种适中的心理状态。不自信的人总是消极并且被动，把什么感觉都憋在心里，对别人的观点采取让步、屈服或默许的态度。因为他们缺乏自信心，对别人的依附性很强，所以就特别

担心公开而直率的表达会冒犯别人。这种人在很多时候会坐失良机，不按照自己本来的意愿去做事。在一些环境中，不自信的人还会被别人无理欺负，甚至变成"受气包"。

图 6-1 的另一端表示的是人处于过分自信的状态。具有这样心理特征的人，做事情的时候会争强好胜，经常无视他人的感受和情绪，也不顾及他人的观点、立场和目标。他们总认为自己的观点是正确的，一直想当"赢家"，愿意与别人争论不休，锋芒毕露，咄咄逼人，时常表现出控制欲。虽然他们可能会一时占上风，但长久下去会让人远离，甚至遭人厌烦，很难有真正的朋友。有些时候，过分自信的人还会对他人产生愤怒，很容易出现攻击性的语言和行为。当他们遇到更为强势的人，就会发生对抗和吵架，甚至萌生敌意。对于这种人，人们往往都会走开，很难忍受他们的盛气凌人的做派。

与这两种人不同，自信的人具有正确的自我尊重感，能够保持一种非常恰当的状态，既不谨小慎微，又不狂妄自大。他们在表达自己的观点和情感的同时，也善于倾听和考虑他人的想法，既关心他人的情感，又用正当的方式来满足自己的需求与愿望。总之，具有自信心的人做起事情来恰到好处，无论对己还是对人都是得体和有利的。

四、自信心的训练方法

对于任何一个人来说，自信心都不是生来就有的，都需要在长期的生活历练中慢慢地养成。大量心理学研究告诉我们，自信心是一种可以通过主动的、坚持性的训练和练习来获得的心理能力。当然，自信心的形成一定是循序渐进的，不可能一蹴而就。这就需要每个人除了具有提高自信心的意愿之外，还要利用有效的方法进行持续的培养，在实践中不断地训练自己的自信心。下面我们和读者一起来学习几种便于运用的练习方法。

1. 公开表达法

自信心缺乏的一个突出特征是不敢在众人面前发表自己的观点，也不愿意向人倾诉自己的感受和愿望。要克服这种不自信的表现，就要努力改变自己过于胆怯的习惯。当有了某种需要的时候，应该尝试向他人提出合理的要求，讲出自己的心声。在向他人讲述自己的需要的时候，要用明确而果断的语气，使别人清楚你所提的要求是什么。如果对某一事物有了与他人不同的看法，也同样要勇敢地表达出来，让别人知道自己的观点是怎样的。例如，在正式开会的场合、小组讨论中或平时与人谈话的时候，都应该以恰当的方式大胆地把自己的观点说出去。如果一个人能够坚持这样做，自信心的水平就会不断提升。

2. 自我激励法

美国前总统比尔·克林顿的母亲，是一位自信心很强的优秀女性。她曾经用这样一句话来鼓励儿子："在你没有的时候，你要装作有信心，然后你可能真的获得了信心。"这句话给我们一个重要的启示，那就是要不断地自我激励，给自己勇气和胆量来提升自信心。人的自信是一种内在的心理品质，尤其需要采取自我激励的方法主动地加以练习和加强。下面是一些常用的方法，读者可以通过这些方式来进行自信心训练。

（1）照镜子。

照镜子似乎是非常平常的事情，也显得十分幼稚，怎么可能对提高自信心有帮助？然而，作为一种自我鼓励的方式，照镜子曾被一些心理学家所推荐。如果可能的话，每天在一个安静的时刻，对着镜子里的自己满怀信心地说："你很棒！一定能做好你要做的事情，如果做不好，也没有关系，就当是锻炼自己了。你一定能行！加油！"在镜子里鼓励自己，给自己加油，就像是另外一个人站在身边鼓劲一样。而这个人不是别人，正是自己，是一个开始监控、把握和引导自我的自己。在照镜子的片刻，人的眼睛是看着自己的，可以完全正视自己，没有顾虑地把心打开。这样与自己对话所取得的效果，是其他方式所不能达到的。

心理学家曾发现，人每天以积极的心态照一下镜子，有利于发现自己身上的优点，如果再对自己说一些鼓励的话，就更能增添自信心。一般情况下，照镜子的时间约一分钟为宜，过长可能会产生负面作用。英国利兹大学医学院的研究人员让志愿者对着镜子观察自己25秒，并为自己的满意度打分；接着让他们再次看着镜子里的自己至少观察10分钟，并再次评分。结果显示，随着照镜子时间的延长，自我满意度反而下降。当对着镜子反复端详超过10分钟后，人们的焦虑感和烦躁感非常明显。这是因为老在镜子面前左看右看，人容易发现自己身上不完美的地方，进而影响自信心和判断力。由此看来，

只有把握好时间的长度,照镜子才有利于增强积极的心理情绪,提升自信心。所以,要控制照镜子的时间,避免产生消极的感觉,也预防形成对于照镜子的心理依赖(许多人已经有了这种依赖)。实际上,照镜子是培养自信心的一种辅助手段,而真正的自信还要靠现实中的努力来打造。

(2)写名言。

自信心的养成是一个持续的过程,要不断为自己鼓劲加油,时常提醒自己要自我相信。把具有很强激励性的名人名言写下来,放在自己最容易看到的地方,是一种非常有效的方法。你可以把有助于提升自信心的一些名言写在一个专用的本子里,在闲暇的时候经常看一看;也可以写在纸条上,贴在最显眼的地方,让自己随时都能清楚地看到。在自信心脆弱的时候,多看看那些颇有力量的话语,会给自己增添许多心理能量,使自信心很快恢复起来。

(3)找优点。

每一个人身上都一定有优点,应当尽力把它们找出来。然而,很多人并不十分清楚自己的优点是什么,反倒是常常盯着自己的缺点不放。这种自我认知状况对于自信心的建立是非常不利的。如果一个人看不到自己的优点,认为自己满身都是缺点,自信心就与他无缘了。在考察自己优点的时候,可以从许多方面进行查找和分析,如工作、学习、生活、交往、能力、特长等。经过仔细发掘自己的优点,总会找到一些强过别人的地方(自己从来没有意识到),让他人刮目相看。当发现自己竟然有那么多优点和长处时,自信心一定会随着愉悦的情绪油然而生。

3. 成功体验法

无论从哪个角度看,获得成功都是使人变得自信的最重要的影响因素。通过成功的经历,一个人会对自己更加肯定,愈加相信自己是一个有能力的人。在很多情况下,成功会大大地改变一个人对自己的认识。为了能有更多的机会体验到成功的心理感受,在日常的生活和工作中,应当遵循"由易到难"的安排方式,在开始时挑选一些比较有把握的事情来做,让自己在其中体验成功的快乐。在取得一个又一个成功的过程中,由于看到了自己的成绩和进步,就会增加自我效能感,得到自信心的积累。如果暂时还不能找到可以成功的事情,就按照"先简后繁"的顺序去做需要完成的事情,使自己能够顺利一些,从而产生成功的感受,不断增强面对新的挑战的信心。

4. 扩展社交法

自信心不足的人习惯于把自己封闭起来，不喜欢与他人接触和交流。他们觉得待在自己的空间里最安全，不会被别人看到自己的缺点和不足。无论有什么想法和观点，缺乏自信的人都不愿意向他人倾诉，唯恐别人对自己加以否定，也害怕因为自己有缺陷，让别人看低或瞧不起。越是有这些想法，他们就越不敢与人接触，使自己远离集体和人群。长此以往，他们的自信心变得越来越弱，最终成为一个完全不自信的人。

要想有效地提升自己的自信心，改变腼腆和胆怯的性格，必须冲破自己设下的人际交往屏障，走到人群中间去。在开始训练交往能力的时候，可以有目的地选择与那些性格开朗、乐观、热情、善良和懂得尊重别人的人进行交往。他们的友善态度能够使人愿意接近，敢于表达自己的心声。与这些人的主动交往，可以使人慢慢打开自己闭锁的心，跳出个人心理活动的小圈子，情绪会变得积极，性格也会变得开朗起来。与此同时，在他们面前发表个人观点和分享个人感受，能够不断增加在众人面前说话的勇气，也能慢慢学会如何与人分享和交流，逐渐提升自己的社交能力。

在与别人的互动中，自然也能听到对方的反馈，很多时候还能知道他人对自己的看法和评价。这些信息可以帮助一个人多方位地认识自己，更加全面地看到自己的优点和不足，从而进行及时而必要的自我调整。在不断的积极变化中，可以切实感受到与人交往的益处，因此更加愿意打开心扉，以自信的姿态展现真实的自己。

当你用开放、自然和诚实的态度与人交往时，别人是可以深刻感受到的。在相互真诚的交流中，他人会逐渐增加对你的好感和信任，也会非常愿意与你来往，使得你的朋友越来越多。因为打开了封锁的个人世界，能够与人群相融，所以自己的感受一定会与从前大不一样，有了更多的欣慰和自我肯定，自信心也随之增强起来。

5. 外表训练法

我们都知道，自信的人在外表上是非常自然大方的，总是带着一种向上的精神力量，给人以积极而强烈的情绪感染。他们所具有的外在特征是由强大的自信心所导致的，同时，乐观、沉稳和坚定的外在表现也能进一步强化和提升自信心。也就是说，内在的品性与外在的表象之间是相互依存和相互促进的。因此，要想使自己成为一个自信满满的人，也要注意在外表上训练自己。

首先，要面带微笑。没有自信的人看上去总是眼神呆滞，甚至是愁眉苦脸，而具有自信心的人，眼睛总是闪闪发亮，充满坚毅和乐观的神情。除了眼神的表现以外，自信的人总是微笑着。人的表情与内心的感觉是一致的，如果脸上常常带着笑容，不但能表现出快乐，还能使人产生信心和力量。笑能使人心情舒畅、精神振奋；笑能使人忘记忧愁，摆脱烦恼。尤其在经受挫折或失败时还能笑得出来，自信心会被修炼得更加坚定。当一个人逐渐养成了微笑的习惯，就会感到这个方法虽然看起来很简单，但对于自信心的提升却能产生奇妙的效果。

其次，要身姿挺拔。除了面部表情之外，一个人的身体姿态也能表现出内心的状况。遇到挫折而灰心的人，常常是垂头丧气、无精打采的，坐姿软绵绵，站立不挺拔，走起路来也是有气无力的，旁人一眼就能看出他是一个信心不足的人。与此相反，有自信的人不管遇到什么困难，都能以坚忍不拔的态度去面对，在外表上显示出沉着和刚毅。他们走起路来挺胸抬头、步伐稳健、目视前方，而不是眼睛看地面，低着头行走。从身体姿势上看，充满自信的人总是意气风发，能给人以美感和力量感。所以，要想把内心的自信表现出来，就要在身姿上训练自己，学会舒展自己的身体，昂首挺胸地走路。倘若一个人能够这样要求自己，坚持在外表姿态上进行自我练习，内在的自信也会逐步提高，自信的气质就能由内而外地展露出来。

6. 利用失败法

在漫长的人生旅途中，每一个人都会有成功的喜悦和失败的痛苦，而且往往失败与挫折的体验要强烈于成功的体验。对于一个有自信心的人来说，失败对于他们并不是什么坏事情，而是达到成功所必须经历的过程，具有很大的借鉴价值。在每一次失败中，他们都能从中受到启发，获得经验与教训，振作自己的精神，更坚定地朝向既定目标迈进。而对于自信心不足的人，失败是非常可怕的，或许是摧毁性的。以他们的认识来看，失败了就意味着自己不行，根本没有能力去完成所做的事情。由于用这样的观点来看待失败，所以他们心里非常畏惧失败，失败对于缺乏自信的人打击会很大。他们常常因此情绪低落、灰心丧气，甚至惊慌失措、彻底崩溃，无法从失败中重新站起来。

无数事实证明，一个人能否实现自己的理想，取得事业上的成功，最关键的因素就是他对于失败的态度。那些对于人类做出巨大贡献的人，无一不是战胜失败的强者。我国著名数学家陈景润在谈到如何才能成才时说道："首先应该有自信心，没有自信心，什么事也干不成。"他为了证明"哥德巴赫猜想"，长期孜孜不倦、废寝忘食地计算，曾经用完了八个麻袋的草稿纸，终于得出了具有很大科学价值的"陈氏定理"。美国伟大的发明家托马斯·爱迪生，为了发明蓄电池，虽然在实验中失败了25000多次，但他的信心始终如一，在每一次实验后找出失败的原因，并努力发现新的线索，最终获得了实验的成功。英国著名作家约翰·克里西35岁才开始搞文学创作，在写作上非常勤奋和努力。可以说，他是世界上收到退稿信最多的人，一共743封。他接连不断地遭受挫折和失败，非但没有被打倒，反而磨砺了意志。当他能坦然地对待退稿的时候，已经习惯了一次次失败，经过历练的作品终于问世了。正如他所总结的："人生大致分为两种状态，即成功与失败，当习惯了失败，成功也就来了。"克里西的愈挫愈勇的情商品质，使他征服了一个又一个打击，最终成为卓越的作家。他还曾感慨地说："不错，我正在承受着人们不敢相信的大量失败的考验。如果我就此罢休，所有的退稿都变得毫无意义。一旦我获得了成功，每一封退稿信的价值，我都要重新去计算。"他一生一共出版了564本书，共计4000多万字。这个惊人的数字，足以证明信心的力量是巨大的，每一次失败在他面前就是一块通向成功的铺路石。这些值得学习的人物榜样，向我们揭示了一个深刻的道理：失败并不可怕，可怕的是我们对于失败的恐惧和屈服。如果一个人能够在生活的道路上始终正视和利用失败，自信心就会变得越来越强大，从而不断走向自己所梦想的成功。

7. 学习榜样法

无论在你的生活环境中，还是在工作岗位上，都会看到以不同方式展现自信的人。有的人虽然在个人生活中经历坎坷，但总是百折不挠，克服重重困难，做生活的强者；也有人在自己的工作中敢于创新，不畏困难与挑战，勇于冲破各种障碍，去实现自己的目标和梦想；还有人在与人交流和团队合作中，敢于表达自己的情感，乐于大胆而公开地发表自己的意见和建议。他们中间也许有人与你处在同样的境况，也遇到了近乎相同的艰难，但与他们相比，你却没有那样自信和坚定，经常出现自信心的动摇。在这种情况下，你完全可以从他们身上学习自信的品质，以他们的行为作为自己重建信心的鼓励。因为榜样就在身边，你能经常看到他们充满自信的样子，所以你可以不断地从他们那里得到鼓舞和力量。从近距离的仔细观察中，你能够了解他们是如何给自己增添信心的，以什么样的情绪面对压力，用哪些具体的方法处理问题。这些所见所闻会引起许多思考，使你能更加深刻地体会自信的含义以及对一个人的重要作用，同时，也能促使你不断反思为什么自己的自信心不够强。在学习他人和自我总结的基础上，你便可以开始在生活中培养和训练自信心了。如果你能够坚持不懈地努力下去，经过一段时间以后，自信心的水平必定会大幅度地提升。

▶ 课后自我训练 ◀

♥ 在学习了这节课之后，你应该对自己做一个自信心的整体分析和评估，总结自己在哪些方面比较自信，在哪些方面不太自信，并且把自信与不自信的具体表现找出来，以便今后继续保持优点和不断弥补不足。

♥ 你可以针对自信心最弱的一个方面（如不敢在众人面前发表个人的见解），做出详细的加强计划，并且在生活中进行实际训练。在此过程中，你要细心体会自己的心理变化，并且注意行为上所发生的改变。

♥ 在平时说话的时候，你要有意识地训练和调整自己的语速和声音，尽量用适中的速度、坚定的语气来表达。

♥ 如果你心里有一些合理的要求，尝试直接向他人表达出来。如果感觉胆怯，可以先在自己认为难度较小的情况下提出要求，然后逐渐锻炼自己在难度较大的时候表达自己的需要和请求他人的帮助。

♥ 如果在你与他人之间发生了不愉快的事情，或者产生了矛盾，训练自己敢于讲述个人的观点、理由和感受，并且在倾听对方讲话的时候，能够将不正确或不合理的部分指出来，以正当的方式维护自己的立场或利益。

♥ 你现在仔细回顾一下，在近一段时间里自己有没有过咄咄逼人的表现？如果有此种现象发生，认真地分析原因，并在心里告诫自己今后不要再有这样的事情发生。

♥ 倘若你刚刚经历了某个（某些）失败，并且心情非常低沉和沮丧，切记不要由此气馁，而要全面分析是哪些因素导致了失败。在查明原因之后，尽快为自己找到改进的策略，并在日后的生活中加倍努力地争取成功。

♥ 针对一个你非常想达到的目标，预想可能遇到的困难和挫折，为自己制订一个具体的行动计划，鼓励自己要有足够的信心，然后全力以赴去实现那个目标。

第七课　人际关系

学完本节课，应努力做到：
- 理解人际关系的重要性；
- 了解良好人际关系的特征；
- 认识影响人际关系的心理因素；
- 学会建立有益的人际关系。

　　人是高级的社会性动物，不只有生理的需要，还有更多的情感需要。而在丰富的情感需要中，人际交往是最为重要的需求。我们不能想象，人离开了交往会出现什么状况，因为几乎没有人能够在不接触他人的环境里生活。从更重要的角度看，良好的人际交往不仅是生存的需要，还是一个人在世上生活幸福和事业成功的先决条件。正因为如此，每个人都应该掌握必要的人际交往知识和技能，将这方面的情商训练作为一项重要的任务。

　　搞好人际交往并不是一件容易的事情，许多人在这方面遇到了困难和障碍。其原因主要有三个：一是对于人际交往的重要性没有足够的重视；二是不具备人际交往的能力，无法处理好人际关系；三是在与人交往的过程中遭受了挫折，从此丧失了人际交往的兴趣和信心。为了解决好这些问题，我们在这节课中将围绕人际关系（Interpersonal Relationship）展开系统的分析，使读者深入了解为什么人际关系是重要的，怎样的人际关系才是有益的，哪些因素会影响良好人际关系的建立。最后，我们还将针对提升人际交往能力介绍一些可行而且有效的方法。

一、人际关系的重要性

在努力提高人际交往能力之前，应当充分认清人际关系的重要性，这样才能有主动的意识和足够的积极性去进行人际交往。对于人际关系的重要价值，许多心理学家、社会学家和哲学家都给予了深刻的分析，主要体现在以下三个方面。

1. 情感的需要

加拿大情商研究专家哈维·得奇道夫在总结大量调查研究结果的基础上指出："当金钱和物质财富超过了某一个界限之后，就与人在生活中所体验的幸福感几乎没有任何关系了。然而，人与他人建立的关系却强烈地影响着幸福感。所有的证据都表明，一个人的人际关系质量直接影响着他的情感健康。"这就是说，人际关系既能把人带到愉悦和兴奋的巅峰，也能将人带进悲痛与绝望的深渊。当人际关系变得糟糕时，人会感到紧张、生气、痛苦，甚至气愤，绝不可能有一个快乐的精神状态。尽管他们可能拥有了大量的金钱和财富，但是却体会不到幸福和成就感。

2. 生活的必需

一般来讲，人有三个交际空间，即家庭、工作岗位和社交圈子。无论在哪个交际空间，人际关系都是至关重要的。一个人的交往能力与结果如何，直接导致别人是希望与他在一起生活、工作和交往，还是想要尽快远离，害怕见到他。毫无疑问，人际关系决定了家庭、工作场所和社交圈子的情感氛围。因此，要想让自己生活得顺利和快乐，建立良好的人际关系就成了必须做好的事情，不能对此予以轻视。

3. 成功的要素

人在从事任何一项工作乃至伟大事业的过程中，绝对离不开与他人的合作，没有他人的理解与帮助，即便是再有能力和本事，也无法达到期望的目标。对于这一点，每一个人都要有非常清楚的认识。建立和保持良好的人际关系，是一项重要而永久的任务。可是，在现实世界中，许多人仍然把大部分时间和精力用在积累物质财富上，对于创建和经营积极的人际关系却一点也不重视。久而久之，便没有人愿意和他们在一起，当需要做好某件事情的时候，无人愿意给予帮助。如要避免这种状况的出现，人们需要尽早告诫自己：人际关系的好坏决定了我们的需要、愿望和目标能否受到认可、欣赏和尊重，要想事业有成和家庭幸福，必须拥有良好的人际关系。

近些年来，企业界流行用"软技能"一词，其中主要的含义就是指人际交往能力。与人沟通和合作的能力，越来越受到职场管理者的重视。大量研究结果表明，与人相处的能力是对职场成功影响最大的因素，其重要性远远超过技术能力（即使在技术含量特别高的职位也是如此）。当然，对于一个优秀的领导者来说，人际交往能力会显得更加重要。目前国内外出现了很多提升领导力的培训项目，其中一个重要内容就是发展领导者的人际交往素养与技能。

二、良好人际关系的特征

无论能否意识到，我们每天所感受到的绝大多数的喜悦或不快都源于与他人的交往以及形成的关系。人际关系是影响人的情感的一个非常重要的因素。有了良好的人际关系，我们就会有愉悦的心情，就能体会到生活的快乐，但如果人际关系不尽如人意，就会感到心情沉重，情绪变得不好。因此，我们必须非常努力地建立好人际关系，以便让自己的心情舒畅，生活更加美好。那么，什么样的人际关系才是理想的呢？怎样的人际交往才能令人愉悦呢？下面我们就来探讨这些问题，对良好人际关系所具有的特征进行分析。

1. 双方都感到满意

在人与人交往的过程中，有两种常见的情形。第一种是交往的一方感到比较满意，能从其关系中获得自己想要的东西，如多种帮助、物质利益或精神支持等，而另一方对彼此的关系并不满意，没有在交往中感到快乐，也不愿意将其关系继续下去。第二种是交往的双方都有愉悦的感觉，很愿意有更多的接触、交流、分享和相互的帮助。在彼此的交往当中，两个人都感到轻松、融洽和温暖，并且在轻松中还获得了真实的教益。如果两个人的心里感觉达到了这样的程度，就表明他们之间已经有了令人满意的人际关系。而且，这种良好的交往状态并不是他们刻意制造的，是经过一定时间的积极互动而产生的。正如我国著名学者周国平所说："我相信，一切好的友谊都是自然而然形成的，不是刻意求得的。"所以，凭借我们对于某一人际关系的心理感觉以及形成的过程，就完全可以判断其关系是否是高质量的。

2. 双方都怀有信任

如果一定要说出什么对人际关系的建立和发展影响最大，人们普遍会认为是交往双方的相互信任。你一定能在生活中看到，凡是好的人际关系，无一不是双方相互信任的。没有信任作为基础，时间一久，其关系一定维持不住。因此，要想发展健康而长久的人际关系，必须始终抱着信任对方的态度，同时自己也要诚实守信，使对方感到你是一个值得相信的人。这样，就会有越来越多的人愿意接近你，喜欢与你交往，甚至做你的朋友。

在人际交往中，除了要信任对方以外，还要表现出极大的热诚。信任和热诚都不是空洞的，要在言语和行动上表示出来。当对方有困难需要帮助、有问题等着解决或有心理情绪需要安慰的时候，要伸出援助之手，给予及时的帮助和支持。好的人际关系，一定是在彼此信任和不断给予的过程中发展起来的。

3. 双方都表达尊重

我们能够清楚地看到，在良好的人际关系中，双方都是以尊重的态度进行交往的，不是以轻视、压制或凌驾的态度来对待对方。交往双方的地位平等和相互尊重是人际关系赖以存在的基础。尊重可以由两个方面的言行表现出来，对于人际关系的发展至关重要。

其一，接纳对方。每一个人都有自己的想法、观点和态度，有自己的优点，也有缺点，世界上没有两个人是完全相同的，所以，在人际交往中必然感受到彼此的差异。对于已经存在的差异，一个善于处理人际关系的人能够恰当对待，用宽容的态度来接纳，以达到求同存异的和谐状态。他们不会用挑剔和强势的态度来要求对方服从自己或做出改变，也不会由于对方在多个方面不及自己而予以贬低甚至侮辱。接纳是建立和谐关系的前提，也是避免人际冲突的关键。

其二，理解对方。如果一个人能够站在对方的立场上，以他人的角度看待问题，而不是仅仅按照自己的想法和观点来分析问题，就是真正理解了对方。按照大众的说法，通常把"以他人的眼光看问题"称作"换位思考"。这种思维方式是人的情商的一个重要特质，是理解他人思想和情绪的一种能力。对于有着良好人际关系的那些个体来说，拥有很强的理解他人的能力一定是他们的显著的人格特征。由于他们能够全面、深刻地理解别人，所以在处理各种事情时就会非常恰当和到位，能够很好地满足对方的各种需要。反之，不能理解别人的人就不能把事情做得恰如其分。尽管很多时候他们也有较强的交往愿望，也心甘情愿地为他人付出，但因为没有真正理解对方的想法和要求，很可能会使所说的话语和所做的事情违背对方的心愿，无益于两人之间关系的建立和发展。在许多情况下，人与人之间缺少理解，能引起很大的矛盾与冲突，甚至会使相互的关系恶化。所以，要想拥有和谐的人际关系，必须首先学习理解他人，从走进他人的内心开始。

4. 双方都有付出和接受

良好人际关系的又一个重要特征是双方进行平衡的互动，即任何一方在其中都有付出和接受，在欣然给予的同时也接受着对方的回馈。然而，对于在人际交往中的付出，有些人存在认识上的误区，觉得只要在其中尽力地奉献，就一定会使两人的关系越来越好。所以，他们便努力为对方付出，同时期待着两个人的关系更加紧密。实际上，这种单方的给予不一定能换得长久的良好关系。从心理学角度来分析，一味付出或接受都会产生不利于发展良性关系的感觉和想法。

对于总是奉献的一方来说，长期给予会使自己有负重感，也会觉得受到轻视。如果一个人只知道付出，不会或不肯接受别人的给予，通常是由于缺乏自我尊重感，过于压低自己的心理需求，过分地屈服于他人的需要。更严重的情况是，有些人在自信方面存在障碍，不相信自己能够得到他人的肯定，认为只有忘我的付出才能换来对方的认可。这种情况经常发生在想要得到爱情的那些人身上，他们在感情上很饥渴，十分努力地为对方做事，甚至极力讨好对方，以求得在两人之间建立起恋爱关系。在其他的人际交往中也会出现类似的情况，有些人为了与他人建立关系（如领导、同事、客户等），不顾对方对此关系的态度如何，千方百计地为对方做事（相当于用自己过分的付出去"收买"别人），有时甚至失去了自己的人格尊严。然而，这种无谓的单向付出往往不能使人际关系更好，反而会使两个人的心理距离变得疏远，感到彼此处于不平等的地位。

对于一味接受的一方来说，进行人际交往的目的就是从别人那里索取自己想要的东西。这类人通常是自私自利的人，只看重自己的利益，不顾及别人的感受，更不珍惜他人的努力和付出。他们只是享受着别人的给予，却从来不愿为别人奉献。长此以往，与他们打交道的人自然会产生被利用的感觉，感到没有被尊重，当然也一定想要尽快远离。

上述两种做法在人际交往中都是不可取的，都不可能使一个人与他人保持稳定的关系。在通常情况下，如果人际关系出了问题，其主要原因都是没有彼此的平衡互动。所以，在交往中保持有效的双向作用，即任何一方都要给予和接受，是使双方和睦相处、共同发展良好关系的关键。

三、影响人际关系的心理因素

一个人是否能与他人建立良好的人际关系，除了一些必要的技能以外，在很大程度上取决于他的心理状态。也就是说，心中所想对于人际关系的发展与成熟具有决定性的作用。归纳起来，如下心理因素对于人际交往是至关重要的。

1. 态度

这里所说的态度，主要是指一个人对于人际交往的心理意向，即是否喜欢与人接触去建立人际关系。有些人从内心里很愿意与人相处，对社交抱有积极的愿望，希望能够建立更多、更好的人际关系。所以，他们就会寻找和利用各种各样的机会与更多的人接触和交往，试图从中发展有益的人际关系。然而，有些人却从心底就不愿意与人交往，对与人相处不感兴趣，经常采取淡漠甚至回避的态度。在这种心态影响下，他们不去积极地与人接触，更不会在人际交往中投入较多的时间和精力，其结果当然是不尽如人意的。心理学家经过一系列的实证研究得出结论："与世隔绝的成功人士寥寥无几，不与人交往的隐士也很少有幸福的。"由此看来，由不愿意交往的态度而导致的孤独行为，不但会影响到一个人的事业，而且会降低人的幸福感。

2. 关注

一个人能否拥有愉悦、温暖和相互促进的人际关系，还在于是否对别人给予了足够的关注。在平时的生活和工作中，如果你对他人的语言和行为留心关注，对他人的需求比较敏感，就能知道在交往的过程中应当如何相处，懂得怎样做才能符合对方的心意。如果你不去关心他人，就很难知道别人处于怎样的状态，从而导致自己的言行不能有的放矢，无法增进与对方的关系。对于他人的关注可以涉及许多方面，有些是非常重要的，如价值观、理想、性格、能力和特殊日子等，有些似乎没有那么重要，但也会影响到彼此的交往，如个人兴趣、业余爱好、生活习惯、健康状况等。只有对这些方面加以足够的关注，才能真正全面地了解对方，使相互之间的交往更加顺畅和温馨。

我们经常可以见到对他人漠不关心的人，即便对自己的家人、朋友和经常接触的同事，也很少给予关注。由于缺少对别人的了解，不清楚对方的状况，所以他们在交往中就会出现不恰当的做法。大量生活中的实例告诉我们，缺少对别人的注意和关心，往往会使人际关系变得不尽如人意，有时还会非常糟糕。

3. 自省

人际关系发展得如何是由双方互动的效果所决定的，而且需要彼此不断地促进和维系。我们不能认为一旦两人建立了较好的关系，就永远不会发生变化。要使相互的关系能够持续发展下去，双方在交往的过程中都要不断地反思自己的言行，审视自己是否有需要调整的地方，如思维模式、处事方式、说话的语气等。如果自身存在不利于关系发展的缺点和毛病，就要及时地弥补和改正。一个善于处理人际关系的人，一定会在双方的交往中不断地进行自我反省，修正自己的言行，找到最佳的互动方式。自省可以使人在交往中处于清醒状态，在处理各种关系的时候表现得游刃有余。

4. 自信

最后，我们还需要特别提到一个非常重要的影响人际关系的心理因素，那就是一个人所具有的自信。人有了自信的品质，就会大胆地打开自己的心扉，坦率地与别人交流和分享，不会产生卑微、胆怯和惧怕的感觉。自信心可以让人勇敢地走到人群中间去，与各式各样的人进行交往，不会成为孤独的人。同时，有足够自信心的人，在与别人交往的过程中，能够在必要的时候坚持己见，不会一味地、毫无原则地屈服于别人。在许多事情上，缺乏必要的讨论或争论，其实对于巩固和发展双方的关系是不利的。尽管暂时的"一致"看起来很和谐，但由于不是两个人的真正统一，其中蕴含着很大的分歧，很可能对于彼此的关系是一种危机。

如果一个人的自信心不足，就会感到自己在很多地方不如别人，在他人面前抬不起头来，所以索性就不去接触别人，远离人群而躲到自己的小天地里。虽然他可能会感到比较安全，但是没有正常的人际交往将使内心感到孤独，生活里充满寂寞。因此，我们一定要树立起自信心，拥有自信是建立良好人际关系的必要基础，也是发展人际关系的重要条件。

四、建立良好人际关系的具体方法

在与人相处的过程中，只有好的动机和愿望是远远不够的，还要通过智慧的方式和细腻的行为来进行交往。许多事情不是你做不到，而是可能没有意识到。所以，尽早地了解人际互动的有效方式，对于建立良好而持久的人际关系是非常必要的。下面这些具体的方法，适用于与他人交往的每个人，对于人际关系有很强的建设性，希望你在生活中努力地践行。

1. 认真倾听他人的心声

按照心理学的定义，倾听是通过积极地把听到的信息反馈给对方而产生的一种互动。在人与人交流的时候，倾听是非常重要的，98%的良好沟通都取决于倾听。正确的倾听包括两个方面：一是要准确理解对方的意思，听懂对方究竟在说什么；二是将给予的关注和获得的理解表达给对方，使对方知道自己的话语已经被听到和注意到，并且也被理解了。这样，对方就能感觉受到重视、尊重、喜爱或欣赏，就会更加愿意表达自己的思想和吐露心声，进入愉悦的交往关系。

然而，许多时候人们在谈话时缺乏倾听，总是把交流的重点放在自己要说的内容上，一说起来就不停，不去关注对方的反应，更没有给对方表达和回应的机会。如果双方都是以这样的方式进行交流，可想而知，对话的效果就非常差,谁也不能理解谁。尽管每个人都说了很多,但由于彼此没有真正的相互理解,使得双方没有感到舒服和愉悦,并不能增进两个人的关系。

很多人仍然错误地认为,要与别人拉近距离并搞好关系,就一定得多说话,多多表现自己,这样才能给人留下深刻的印象,让别人愿意接受自己。其实,这种想法是非常错误的。大谈特谈自己的观点,滔滔不绝地讲,只能显得过于看重自己,很容易让对方觉得压抑,并认为你是在吹牛。所以,在与人交流的过程中,要保持适度的讲话,更重要的是要成为一个优秀的倾听者。正如一位公司 CEO 的一句很有提醒作用的表述:"上帝给了我们两只耳朵和一张嘴,是为了让我们听的东西至少是说的东西的两倍!"

2. 及时出现在他人的身边

没有行动付出的人际关系,将是空洞、短暂的。要想建立新的人际关系或发展和巩固已有的人际关系,我们就要在对方有需要的时候及时地提供帮助。特别是在生病、遇到特殊生活困难、肩负工作压力和面对心理痛苦的时候,人最需要精神上的安慰与鼓励,以及物质和行动上的支持。在这样一些时候来到他人身边,表达自己的同情和爱心,帮助对方解决遇到的问题和困难,一定会使对方深受感动,让两个人的关系更加亲近和温暖。"爱的最好的表达方式就是陪伴",这是人们普遍认可的对于爱的诠释。

美国著名的组织行为和企业管理学教授斯蒂芬·科威,曾被《时代周刊》列为"25 位最有影响力的美国人"之一,他帮助过数以百万计的人经历了卓有成效的幸福人生。按照他的观点,我们需要利用一种"情感银行账户"建立互信的关系。每当我们做了一点有助于增强人际关系的事情的时候,就相当于为这个"账户"存入了"资金",增加了这个账户的盈余。因此,我们要为"情感账户"多多储存,在他人需要我们的时候及时出现在身边,提供必要而且有效的帮助。如果我们能够坚持这样做,与他人之间就会建立起高度的亲密感和信任感,所发展起来的人际关系就会越来越牢固。积极而健康的人际关系能够避免普通人际关系所面临的障碍,双方都会有一种安全感,因为他们知道这种关系能够经受住分歧,甚至是严重分歧的考验。即便交往中会出现一些差异和争论,但因为"情感账户"里有足够多的盈余(相互理解、尊重、爱护和珍视),所以不会出现亏空的状况(彼此讨厌、冷漠、对立和远离),相互之间的感情连接依然会非常紧密。

3. 努力支持他人的梦想

当我们特别想要实现某一个目标并且在努力奋斗的时候，倘若自己的家人、朋友或同事向我们提供了很大的支持，无论是精神上的还是物质上的，都会使我们的心里产生莫大的感动，受到极大的鼓舞，还会使我们非常感激和信任对方。同样的道理，当别人追逐一个美好理想的时候，如果我们给予了许多帮助，他们也会深受感动，甚至铭记在心，更愿意与我们建立或继续发展彼此之间的关系。支持他人去实现梦想，对于人际关系的推动作用是巨大的，往往超出其他方面的帮助。人在努力实现理想的进程中，必定会遇到一些困难或预想不到的障碍，此时心中最需要有坚强的力量感，而往往这时个人的决心不足以面对巨大的挑战。如果有了别人的帮助和支持，情况会大不一样，信心就能大大地增长，与此同时，也会万分感谢那些支持自己实现梦想的人，更愿意与他们建立愈加亲近的关系。

4. 尽力信守自己的承诺

我们都知道，相互信任是人际关系的基石，人与人之间若缺少信任，其关系是无法存留的。那么，怎样才能赢得他人的信任呢？其中一点最为重要的，就是要始终信守自己的诺言。具有这种品质的人，在与他人相处的过程中，一旦许诺了什么，就会非常努力地去践行，绝不失信于人。如果情况确实有变化，不能按照原来所说的去做，他会如实、认真地向对方解释，说清楚其中的来龙去脉，以求得理解和原谅。对于那些能够很好地履行自己诺言的人，当我们仔细观察和分析他们的人际关系的时候，总能发现他们有很多持久的朋友，他们一直被大家所信赖和尊重。

但生活中也不乏这样的人，他们为了讨好别人或达到某种目的，常常会在口头上答应要为别人做什么，但很少真正去做，过后也不给予回应和解释。如果这样的事情偶尔出现，别人可能会理解和原谅，但若是经常说了不算数，行动与话语不兑现，就会失去他人的信任，人际关系也自然会变得越来越差。在与人交往时，应该以认真的态度为人处世，不要轻易承诺事情，一旦说了要做什么，就要全力以赴去完成。只有这样，才能赢得别人的信任和尊重，才是一个有责任感、值得信赖的人。

5. 认真经营自己的人际关系

"经营"一词具有两层基本的含义：一个是筹划（或计划），另一个是管理（或组织）。当我们将这个词用于人际关系时，也可以从这两个方面来分析。

所谓人际关系的筹划，是指对于自己的人际关系有一个总体的设想和规划，即与谁建立关系、要有什么样的关系、发展到什么程度等。在人的一生当中，会遇到各种各样的人际关系，但不是所有的关系都需要维持，有的关系就一定要终止（如利用关系、虐待关系、家庭暴力等）。一个情商高的人，能够准确分析自己的人际关系的状况，厘清关系的主次和轻重，知道哪些人际关系是需要继续发展的，哪些是应该停止的。筹划的最终目的是创建和加强积极而健康的人际关系，让自己的社会交往能够对人对己都有利。

对于人际关系的管理，其实我们在本节课中谈到的所有内容都与之有关，这里我们主要想强调三点。其一，做好时间管理。一个人要合理安排投入人际交往的时间，既不能过多也不能过少，要安排得恰到好处。用于交际的时间过多，很可能会影响到日常工作和生活，也可能会使人际关系变得索然无味；而投入的时间过少，可能会使相互之间变得陌生和疏远，缺少必要的、深入的交流机会。其二，做好内容管理。与人交往的内容是非常重要的，应该是对于双方都有帮助的，有利于彼此关系的促进和发展。一些人非常愿意交际，但都把时间花在了一些无意义的内容上，甚至用在一些有损于各自身心健康的活动上。这样的人际交往是有害无益的，应当予以纠正或终止。其三，做好自我管理。这里主要指的是自我要求和自我建设。想要建立良好的人际关系，首先要改善自己的内心世界，塑造自己健全的人格。无论与他人建立怎样的有益关系，最重要的基础是与自己的关系。可以十分肯定地说，这个关系是所有关系的根本。如果没有把自己造就好，不是一个人格完整、人品端正和心智健全的人，那么与外部建立的任何关系都不可能健康发展。因此，人一定要全方位地加强自身建设，管理好自己的思想、情感和行为。只有这样，拥有良好人际关系的愿望才能成为美好的现实。

▶ 课后自我训练 ◀

♥ 找一段宽松的时间和一个安静的地方，全面总结和评价一下自己的人际关系状况（可以按照百分制给自己打分），看看哪些方面是满意的或是不满意的。如果有不尽如人意的地方，查找一下主观和客观原因。

♥ 选择一个你想要发展关系的人，试着采取一些积极的、建设性的方法与其交往，并对其效果进行自我观察，总结其中的体验和存在的问题。

♥ 从现在开始，你需要监控自己与人交流时的说话状态，密切注意一下自己的表现，是过分地抢占话语权，还是合理分配倾听和说话的时间，或是基本不说话。如果说话和倾听的时间比例不当，应当加以及时地调整。

♥ 为了发展良好的人际关系，你需要仔细分析一下，那些与你交往的人目前是否遇到了困难，需要什么帮助，看看你能够为他们做些什么。在你力所能及的情况下，应当及时向他们伸出援助之手。

♥ 你可以用一个小本子，把与你有良好关系的人和准备建立关系的人的名字记在上面，并把与他们相关的重要事件及日期写下来，以便提醒自己到时候给予关心。

第八课　同理心

学完本节课，应努力做到：
- 认识同理心的重要性；
- 理解同理心的内涵；
- 进行同理心的辨析；
- 掌握获得同理心的方法。

人与人之间的交往，离不开相互的理解，这是所有人都明白的道理。没有彼此之间真正的理解，无论做出怎样的努力，都不会建立起良好的关系。所以，相互理解是获得理想的人际关系的关键。要想使自己的人际关系变得积极和健康，有助于生活的幸福和事业的成功，每个人都必须重视和学会理解他人。一切令人满意的人际关系的建立，都开始于对他人的全面和深刻的理解。

按照心理学的定义，能够及时而且充分地理解他人的心理能力被称为"同理心"（Empathy），又叫作"换位思考"。听起来，这种情商能力似乎不难掌握，好像人人都能具备，但事实并非如此。许多人正是由于缺少了理解他人的能力，使自己的人际关系变得非常糟糕。同理心是需要培养和练就的，没有人生来就能很好地理解别人。在这一节课中，我们将为读者系统地介绍关于同理心的知识，使大家经过学习与实践能够大大地提高这一情商能力。

一、同理心的重要性

美国好莱坞著名女演员梅丽尔·斯特里普曾说过一句话:"人类的伟大礼物就是我们拥有同理心的力量。"这句话道出了同理心的宝贵以及它的重要作用。在人际交往中,同理心是非常强大的互动工具,它能使一个人进入到另一个人的内心世界当中,从而在理解对方的基础上,选择和调整交往的内容和方式。在很多情境中,同理心能够帮助双方转变交往的态度,由此转化误解、紧张和敌对的局面,改善不愉快的人际关系。从人的本性看,人们总是希望自己能够被他人理解,如果遭到了他人的误解,就会感到很不舒服,还可能产生气愤的情绪。只有当自己真正被他人理解的时候,人们才愿意继续交往,并且积极投入到彼此的关系之中。

同理心不但可以改善现有的人际关系,还能吸引更多的人来到自己身边,建立新的良好的关系。一个人一旦具有了这种心理能力,不但能够"读懂别人",而且会使自己身上产生一种天然的亲切感,让他人觉得自己是一个可以接近和值得信赖的人。积极的同理心对于培养和保持真挚与持久的人际关系是至关重要的,对于职场、社团和家庭等关系的建立和发展举足轻重。倘若一个人怀着同理心参与到人际活动之中,他一定能够获得许多人的喜欢和信赖,因为人人都愿意与一个能够理解自己、站在自己角度考虑问题的人在一起。总之,同理心能够使人与人之间的互动与交流更加准确和有效率,减少不该发生的矛盾和冲突,让彼此之间的各种建议更容易被采纳,从而使相互的关系能够在健康的轨道上发展下去。

二、同理心的内涵

"同理心"一词看似容易理解,但其真正的含义还需要仔细分析。最早提出"同理心"这一概念的是美国著名的人本主义心理学家卡尔·罗杰斯。他认为,同理心的意思是感受别人的痛苦与喜悦,站在他人的角度看问题,同时要表现出相应的情绪(如痛苦、欢喜等)。根据《韦氏词典》的解释,同理心是认识、理解、欣赏他人的感情和想法的能力。具体来说,以下三个方面构成了同理心的完整内涵。

1. 识别他人的感受

每个人在与人交往的时候,对他人的关注和理解程度是不尽相同的。有的人在交流的时候,侧重点只在自己一方,极力将自己要说的话语和观点表达出来,却不注意对方有什么想法和反应。而具有同理心的人就不同,他们能非常敏锐地识别出对方的情绪和感受,把关注的重点放在对方的言行和彼此的互动上。他们不但注意对方有怎样的感受,而且还会体察其感受的程度。除了这些之外,他们还特别要了解对方的感受是由哪些原因引起的,为什么会有当下这种感受。在了解了所有情况之后,具有同理心的人就"进入"到对方的心理世界,从情感上理解了别人。这样,在他与对方继续交流的时候,就能够采取最适宜的方式进行互动,使对方感到自己被理解了,便愿意打开心扉,继续发展彼此的关系。

下面是一对父子在家中的三个对话情境(三种可能性),我们来分析一下,在哪一种对话中父亲表现出了对儿子的同理心。

案例 8-1

【对话一】儿子:爸爸,明天上午我有一个英语单词考试,还没有背下来呢,怎么办啊?

爸爸:这些天你就没有用功学习,考不好是咎由自取,能怎么办?

儿子:你就知道埋怨我,跟你说有啥用!

爸爸:你对学习一直就是这样!

【对话二】儿子:爸爸,明天上午我有一个英语单词考试,感觉还没有准备好,真有些担心,现在开始学恐怕已经来不及了。

爸爸:你就是不抓紧时间学习,明天就要考了,说什么都来不及了,你只能顺其自然了,能考啥样就啥样吧!

儿子:我还是很担心考不好,怎么办啊?

爸爸:担心也没用,已经来不及了,谁让你不用功呢!

【对话三】儿子:爸爸,明天上午我有一个英语单词考试,还没有准备好,心里很着急,怎么办啊?

爸爸:我也感觉你这几天复习得不好,没有好好掌握所学的单词。

儿子：是啊，我还不能熟记其中一些单词，真让我着急！

爸爸：我知道你在为明天的考试着急，但在这个时候不能只是着急，着急也不能使你明天考好。你看看还需要巩固哪些单词，可以重点强化一下。你需要爸爸的帮助吗？还有一点时间，我们一起复习好吗？

儿子：好的，你读单词，我来默写。

爸爸：儿子，记住这次的教训，以后在学习上要抓紧，按时完成学习任务，就不会这样被动了。

儿子：是的，爸爸说得对，今后我一定努力学习。谢谢爸爸对我的理解和帮助！

从上面三个对话中，我们可以清楚地看到，在"对话一"和"对话二"中，儿子都表现出对于考试的焦急，流露出害怕考不好的忐忑情绪。同时，他又表现出了想补救的意愿，有想要考好的主观愿望。然而，在"对话一"中，爸爸根本不去理解儿子当时的心情，只是从自己的感觉出发去埋怨儿子，使儿子已有的焦急情绪更加严重，导致两个人的交流无法进行下去。在"对话二"中，爸爸不但没有安慰儿子，而且还不断埋怨，同时他对儿子的担心表示出冷漠的态度。这些反应无疑会使儿子的感觉更加不好，心里更加担心，同时也会对爸爸产生疏远的心理感觉。只有在"对话三"中，我们看到了爸爸对孩子的真正理解。他不但理解儿子的焦急心情，而且告诉他不要着急，还提议让孩子用积极的办法来补救，并且愿意和孩子一起复习英语单词。在这样的交流中，儿子自身存在的两个问题都得到了解决，一个是担心考不好的情绪得到了安抚，另一个是不熟练的单词得到了巩固。如果爸爸日后总能用类似的同理心来与孩子交流，他们的父子关系一定会越来越亲密，孩子的学习也必然会不断进步。

2. 以他人的思考角度看待问题

奥地利心理学家阿尔弗雷德·阿德勒曾这样描述对他人的理解："用他人的眼睛去看，用他人的耳朵去听，用他人的心去感受。"如果一个人做到了这些，用他人的方式去看待和感受周围世界与各种事物，就拥有了同理心。然而，以他人的视角去看问题，并不是一件容易的事情，需要从两个方面做出足够的努力：一方面要积极培养这种意识，时刻提醒自己要关注他人的所思所想，体会他人的感受和情绪；另一方面要努力锻炼这种能力，逐步提高理解别人的准确程度。案例8-2发生在一个销售公司里，是一位老板与员工之间的事情。我们来看看同理心是怎样在他们之间发挥作用的。

案例8-2

有一天上午，公司要搞一项重要的销售活动，但埃德蒙还没有把经理罗克珊（主讲人）做演示所需要的数据汇集起来。因为他的女儿头一天晚上生病了，他一直在急诊病房里看护她。当罗克珊得知埃德蒙没有完成数据整理的工作时，非常生气地指责他说："我讨厌你不完成自己分内的工作，如果我早知道指望不上你，就会安排乔安娜去做了。我本打算为这个讲话做些其他准备工作，现在只好用很紧的时间来做你的那个部分。你有没有想过你这么做对我有什么影响？"对于罗克珊的态度，埃德蒙完全可以这样回答："我女儿病了，我一直在医院守护她。我也不想有这样的事情发生，我有什么办法！"可是，埃德蒙并没有如此强硬地反驳他的领导，反而平静地说："很抱歉，我没有把数据整理好。这样的结果肯定会使你觉得我没有把公司的事情当回事，你也会因为我没有完成你交给的工作任务而失望。"罗克珊回答道："没错，这正是我的想法。那么，到底发生了什么？你为什么没有把数据整理出来？"

在这个对话中，埃德蒙充分表现了他的同理心。他能够完全从罗克珊的角度来看自己的行为对于销售活动的影响，并且用入情入理的话将罗克珊的气愤和失望都说出来。从罗克珊的最后一句话中，我们可以感受到，她的情绪已经开始平静，表示愿意了解埃德蒙没有完成任务的原因。埃德蒙的同理心防止了将要出现的对抗局面，使两人之间的气氛变得和谐。在罗克珊听到埃德蒙说女儿生病了之后，她的怒火一定会烟消云散。案例8-2告诉我们，在人与人交往的过程中，同理心是非常重要的，是积极人际关系的奠基石。有了它，就会使健康的人际关系建立起来，并且不断发展，就能在其中感受到与人交往的快乐。而且，同理心还能赢得更多人的信任和支持，吸引越来越多的生活上、事业上的合作者。

3. 将自己对他人的理解表达出来

从严格意义上讲，仅有对别人情感的识别以及从他人的角度看问题，还不能构成同理心的全部。因为同理心的作用不止于"读懂别人"，更要发挥在与人交往的过程之中。如果我们理解了别人，但从未向对方表达出来，也同样不能增进两人之间的关系，因为对方并不知道自己被理解了，也没有感觉到被倾听和被尊重。所以，具有了同理心，一定要善于向别人表达，把自己对于对方观点的了解和感受清楚地表述出来。这样，对方就能以自己"被理解了"的愉悦心情进一步扩展接下来的交流，从而加深两个人之间的相互了解，增进彼此的感情。我们应当牢记：向对方表达理解是同理心的构成要素，也是表现同理心的必然形式。

三、同理心的辨析

在培养和运用同理心的时候，为了更加准确地理解同理心的含义，消除对于这个概念的误解，有必要将它与另外几个容易混淆的概念加以区分。

首先，同理心不是同情心。在许多人的理解中，同理心就等同于同情心，将两者混为一谈。实际上，这两个概念完全不是一回事儿。通过上面的讲解读者已经知道，同理心是对他人情绪和想法的感受，能够站在他人的角度和立场看问题，并且能够坦诚地将自己对他人的理解表述出来，其说话的重点在于"你"。而同情心所表达的是，说话者在听了对方的话语或知道对方的处境之后的想法，将自己的反应放在第一位，主要表达自己的情感，其说话的重点在于"我"。例如，你在安慰某个失去亲人的朋友时，可能会说"我很遗憾地听说，你的母亲去世了，我为你失去亲爱的妈妈而感到悲痛……"，这样表示的是同情心；但如果说"你失去了母亲，一定是非常悲痛的……"，就在表达同理心。

其次，同理心不是顺情说好话。许多人认为，具有同理心就是待人友好，看起来和蔼可亲，表现得非常热情，说出让对方高兴的话。这种理解是错误的。一味地讨好别人，让对方感到愉悦，并不是同理心的体现。同理心的实际意义是能够准确理解对方的心思意念，说出的话正是对方想要表达的意思，而不是从自己的角度去极力地取悦别人，好让对方喜欢自己。尽管在人际交往中需要说一些鼓励的话，或者说一些赞扬的话，但这些都不能替代同理心的作用。只有听到同理心的表达，人才能知道自己的确已经被他人理解了。对于人际交往而言，理解是非常重要的前提。美国知名学者斯蒂芬·科威在他的《高效能人士的七个习惯》一书中说道："同理心听上去就很有力量，因为它能为你提供准确的信息，不是自说自话，得出想当然的想法、感受、动机和解释，而是与他人头脑和内心中的真实想法打交道。"所以，同理心能够让我们更加了解和认识他人，使交往的语言和行为更加准确与适宜。

最后，同理心不是同意或赞成。有些人认为，在谈话时如果要表现同理心，就得表示出自己同意或赞成对方的态度。这种对于同理心的理解也是错误的。对别人的做法具有同理心，是从情感上以及原因上理解别人为什么那么做，能够"走进他人的心里"，但不一定必须同意其做法，也可能持有反对的态度。在表达同理心时，只是承认对方的做法或意见的存在，而不是一定认可它们的正确性。我们可以从他人的角度看待这个世界，同时又不要让自己的思想和情感受到他人的牵制和束缚。同理心使我们看清"自己"和"他人"，划清"我"和"你"的界限，是将"自我"和"他人"区分开来的心理能力。只有具备了它，我们才能准确地认识自己和别人之间的不同，才能保持对待人际关系的客观性。在客观看待他人的基础上，我们就容易明辨他人的观点是否正确，不会盲目地赞同和依赖，更不会失去自己的立场。这样，在别人出现不当或错误的想法的时候，我们才能及时地指出来，或者更有效地帮助他人。

四、同理心的具体表现

一个人是否真正具有同理心，可以从他与周围人接触的表现中观察出来。同理心的重要特征主要反映在以下三个方面。

1. 关注他人

我们很容易发现，具有同理心的人对他人始终保持着一定的敏感度，对他人感兴趣，愿意花心思去理解别人的想法和行为。他们不仅善于觉察别人的内在情绪状态，即从感官的外在线索来判断别人的情绪，而且愿意投入时间去理解别人的观点。他们不总是认为其他人的情绪和感受与自己的相同，并和自己有着同样的见解。他们觉得，除了自己所持有的观点与立场之外，还有很多他人的意见和建议值得去考虑。有同理心的人，不是一个绝对以自我为中心的人，而是持续关注和理解他人的具有高度敏感性的观察者。

由于对别人一直保持着关注，并进行及时和认真的分析，所以，具有同理心的人能够把握对方的心理动态，对彼此的关系拿捏到位，使说出的话语恰当和准确。正如美国情商专家斯坦和布克所说："当你充满同理心地向对方表述，即使双方处于紧张或敌对状态，你也能改变局面。当今社会的发展速度加快，人们的工作负荷不断增大，各种人际关系更加复杂。在这样的客观环境中，同理心的重要性日益凸现出来。拥有了同理心，我们才能更深入地理解别人，减少人与人之间不该发生的矛盾，建立愉悦的交往关系，大大提高互动效果和工作效率。

2. 顾及他人

拥有同理心的人，不但善于分辨他人的各种情绪感受，察觉他人的需求，及时向对方表达自己的理解，而且还努力站在他人的立场上，采取符合对方需要的相应的行动。他们在遇到各种与别人有争辩的情况时，并不要求他人与自己持有相同的观点，能够清楚地认识到，无论在什么情况下，都需要考虑各方不同的观点，而不是只强调自己的想法。在做任何决定时，他们都会考虑到对方的意见和建议，不是一味地"跟着自己的感觉走"。而且，他们还会努力满足对方的需要，使对方感到非常温暖。

然而，以自我为中心、看问题狭窄的人，是极度缺乏同理心的，他们不能理解别人的看法。这样的人在各种人际交往中都会遇到一些障碍，从和身边的家人、朋友的相处到与同事及他人的一般性社会交往，无一例外地都会出现很多问题和矛盾。因为他们所做的决定往往只依据自己的感受和想法，做事时只考虑个人的需求，所以，慢慢就会引起他人的不满，长期下去必将使他人产生反感甚至气愤的情绪，导致相互关系的紧张乃至破裂。

3. 帮助他人

怀有同理心的人，还能够通过表达对他人情绪和感受的理解和尊重，使对方在心灵上获得极大的慰藉，从而转化成内在的行动力量，不断地完善和提高自己。同理心强的人在各种各样的场合都有很大的影响力，发挥着关键性的作用。特别是在照料及教育不同年龄段的孩子，对各种人员进行培训和教育的情况下，他们的同理心所发挥的作用会更加突出。

对他人正在体验的主观感受保持一定的关注度，并且懂得人的内心情绪，会直接影响到现实的行为表现，是成功的学校教育、家庭教育、训练、指导和经营管理所具备的核心条件。在学生、孩子、受训者和团队成员遇到情绪问题时，常常使他们无法有效地学习和工作，不能正常地发挥自己的潜能，从而阻碍了他们应有的发展。而教师、家长、教练和领导者对于他们的心理情绪的理解和关怀，可以为他们提供有力的心理依靠，创设积极、宽松的心理氛围，帮助他们改变自己的情感状态，从而能够以积极、轻松的心情完成面临的任务，同时获得心灵的成长与成熟。

同样的道理，在恋人之间也会产生类似的效果。情侣在情绪上的相互理解，在情感上的彼此抚慰，能够在两个人之间形成很大的精神力量，促进他们不断地进步和成长。尤其当某一方在工作上或学业上遇到困难，心中充满压力或焦虑时，如果能够得到对方充分的理解、及时的开导以及温暖的陪伴，就很容易释放心中的压力，从压抑的情绪中走出来。同时，在每一次共同成功地克服负面情绪的过程中，两个人都能获得成长的体验，在心理方面变得更加坚强。

五、同理心的培养

同理心是一种非常重要的情商能力，不仅决定着人际关系的优劣，还会由此而影响到生活和工作的状态，乃至事业上的成败。既然同理心对于一个人来说如此重要，我们就一定不能忽视它，要自觉、努力地进行培养，使自己成为一个富有同理心的人。同理心不仅是与他人相处不可缺少的一种心理能力，同时在个人心理品质建设的许多方面也发挥着重要的作用。美国情商训练专家玛希雅·休斯和詹姆斯·特勒尔曾指出："同理心能力的发展与情绪的自我察觉、自我尊重、现实判断和自我实现等心理能力的成熟紧密相关。"所以，无论从对外交往的需要还是从个人成长的需要来看，提升同理心能力都是一项非常重要的任务。

为了帮助读者有效地培养同理心，我们在归纳一些相关研究成果以及总结自身已有的情商培训经验的基础上，提出以下同理心自我训练的策略与方法。

1. 认真聆听他人的倾诉

要想充分地理解他人，聆听是最基本的，如果听不懂甚至听不到别人讲的是什么，就根本不可能"读懂别人"。因此，在与人交流的时候，要特别注意倾听，安下心来细听每一句话，而且，不但要努力听全对方所说的话语，还要尽心去理解其话语，保证自己的理解与对方表达的意思相一致。为了能够很好地倾听，在谈话的过程中要做到三点：一是不要轻易插话或打断对方，以便让对方完整地表述自己的想法；二是不要轻易发表自己的观点，以防影响对方说出真实的想法；三是应全神贯注地听，并恰当地给出正在倾听的示意（如点头、微笑等），使对方感受到被重视和尊重，愿意将自己的心思意念说出来。

2. 学会阅读他人的肢体语言

在学习了"情感表达"一课之后，读者已经知道，人与人之间的交往不仅依靠口头语言，还要通过肢体语言来表达内心的想法和情感，而且肢体语言在交流中发挥着非常重要的作用。按照美国加州大学洛杉矶分校的心理学教授艾伯特·梅拉比安的观点，肢体语言在人与人之间的相互理解中，发挥着55%的作用。正是由于这个原因，当我们想要很好地理解他人的时候，必须关注他们的肢体语言。也就是说，要想真正明白别人的想法、情绪和意愿，除了用耳朵去听他人的话语以外，我们还要用眼睛观察，去捕捉他人用肢体语言所表达的信息。

事实上，肢体语言在大多数时候比口头语言更能使我们理解别人，包括他人的性格、情绪和思想等。在许多情况下，我们在别人的语言里无法体察到这些方面的状态。在人与人交流的过程中，我们能观察到的肢体语言包括眼神、面部表情、手势、姿态、呼吸和各种动作等。每个人都会在与别人的交谈中不自觉地使用这些肢体语言，让自己能够更准确、更生动地表达观点和意向。通过对所看到的肢体语言进行快速分析和诠释，我们就能比较准确地理解讲话者的态度及想法，从而知道在接下来的交流中应当如何向对方表达，使相互之间产生共鸣。

3. 站在他人的角度思考问题

人与人之间的思维差异是绝对存在的，即使是双胞胎也不会有完全相同的思考，所以，要努力发现自己与他人在想法上的不同。当遇到具体事情时，我们要尽量了解他人的意愿与诉求、想要采取的行动以及面临的困难等，切忌按照自己的喜好去处理问题，不要把自己的观点强加于对方。为了能够真正站在他人的立场上看问题，我们还要认真了解他人过去的经历和目前的处境，理解他们为什么会那样思考问题以及表现出那些行为。这样，我们就能做到"换位思考"，达到对他人的完全理解。

4. 采取及时的询问

具有同理心的人，是愿意主动了解他人的人，有一种积极探究别人心理活动的意识。在与人交往的过程中，如果对于对方的观点、情感或行为不甚了解，也不能很好地理解的话，他们就会及时询问，获得更多的相关信息。例如，在与人谈话时，他们会说："你的想法很有意思，请你再详细谈谈。"美国情商研究专家斯坦和布克把这种谈话技巧称为"刨根问底"。所谓刨根问底，是指在与人交流中，通过要求对方提供更多的关于他自己的信息，来了解对方内心深处的想法的对话方式。在向对方提出询问时，不是只提出用"是"和"否"就能回答的简单问题，还要提出关于对方的更多信息的开放式问题。要想很好地表达同理心，我们对于他人不能只停留在表面的关心，还要特别探寻两类信息：一类是对方的想法与感受（现在的状态），另一类是对方对于将来的意向和愿望（未来的期待）。如果我们具备了"刨根问底"的能力，掌握了这两类信息，就能够充分地了解和理解他人了。

5. 适当介绍自己的情况

在与人交往的过程中，除了真正关注他人的想法、情感和行为以外，在适当的时候也要主动向他人述说自己的观点与情绪，以便让对方感到他被信任。人与人之间的交流是双向的，如果总是一味地让对方吐露心声，而自己却不暴露真实的想法，久而久之对方就会收回诚意，把自己想说的话埋在心里。这样一来，我们就无法继续深入地了解对方，对他人的理解也只能停留在表层。因此，适当地向对方表白自己，拉近双方的心理距离，促使对方进

入更融洽的交流与互动之中，更加细致地表达他/她的思想和情感，是我们全面了解他人、获得同理心的有效方法。

▶ 课后自我训练 ◀

♥ 询问一个你熟悉的人，了解他/她对某一事物有什么看法（如一部电影、一个人物、一条新闻或共同参与的一次活动等）。持续交谈几分钟之后，告诉对方你认为她/他的想法和感受是什么，并听听对方是否同意你对她/他的观点的理解。

♥ 从现在开始，你在与人交谈时，多关注对方的状态。除了要与对方保持眼神接触之外，还要多注意对方的面部表情、手势、姿态、呼吸和各种动作等。通过对这些肢体语言的观察，帮助自己准确地理解对方。

♥ 在与人交流时，应多采取询问的方式来了解对方。你可以用"你是说……""你的意思是……""请你再讲讲……"等句式，请对方更清楚地表达自己的想法和观点，使你从中获得对他人的透彻理解。

♥ 在参加会议或听一组人在谈论事情时，注意观察每个人说话的语调、面部表情和肢体状态，并根据这些线索来推测每个人的想法和内心感受。

♥ 在你接触的人中，选择一位你觉得最亲近、最坦诚的人，每天都争取和这个人交谈几分钟。你可以根据谈话的情况来判断当时他/她的想法和感受，然后把你的分析反馈给这个人，听听他/她是否同意你的判断，检查一下你对其想法的理解是否与他/她的本意相同。经过这样的反复训练，你的同理心水平一定会有显著的提升。

第九课　社会责任感

学完本节课，应努力做到：
- 理解社会责任感的含义；
- 了解履行社会责任的有益回报；
- 培养社会责任感。

当今社会处在一个快速发展的时代，随之而来给人们增加了很多压力，也使得人与人之间的竞争越来越激烈。无论在哪种社会形态中，生存和成功都成了大多数人的奋斗目标。许多人将时间和精力主要投入到了个人的生活与工作中，无暇关注和思考集体的事情，也很少投入到社会的公共事业当中。在这种状况下，社会责任感就显得弥足珍贵和紧迫。社会是一个大系统，良好的运行要靠其中所有的人不断地建设和完善它。如果人们都不关心社会，也不为它做出自己的贡献，社会不仅不会继续发展，反而会产生很多问题，甚至出现整体上的倒退。

我们要清楚地知道，社会责任感是情商不可缺少的重要组成部分。情商并不只是重要心理品质的集合，它还包括道德要素。高情商的人，是一个具有良好道德品质的人，有着很强的社会意识和奉献精神，总是努力成为有益于社会的人。正因为如此，具有社会责任感的人一定是社会进步的推动者，必然受到人们的尊敬和爱戴。对于想要更好实现人生价值的人来说，不断培养自己的社会责任感，为社会和国家贡献智慧和力量，应当成为个人努力的目标。在这一课中，让我们来共同理解社会责任（Social Responsibility）的

内涵，了解在哪些方面可以很好地履行它，以及如何有效地提升个人的社会责任感。我们的愿望是，通过对本课内容的学习，读者能够增强社会责任意识，努力参与到社会服务当中，使自己成为对社会有较大贡献的人。

一、社会责任感的含义

美国第 28 任总统托马斯·威尔逊是一位非常卓越的领导人，他曾说过的一段话值得我们深思："你来到世间不是为了谋生。我们此生应带给这个世界更加丰富的生活、更宽广的视野、更美好的远景与成就。我们的一生是要让这个世界更加丰富多彩。如果你忘记这个使命，你就是一个贫困的人。"当然，要想履行好这样的责任，首先要对社会责任有一个非常清楚的认识，充分理解它的内涵。下面我们就来分析一下社会责任感的含义，看看它有哪些具体的行为表现。

1. 投身于社会服务

一个人如果有了社会责任感，最突出的表现是融入社会或团体的有意义的活动之中。他们对社会问题以及需要十分敏感，并且主动发现和寻找能够为社会服务的个人潜能与机会，将促进社会文明与发达作为己任。让世界更美好，是他们义不容辞的责任。

在人类发展的历史中，有无数具有强烈社会责任感的人物榜样，特雷莎修女就是其中的一位。从 12 岁起，直到 87 岁去世，她把一生都奉献给了穷人、病人、孤儿、孤独者、无家可归者和垂死临终者。因她一生致力于消除贫困与隔阂，于 1979 年获得诺贝尔和平奖。1999 年，特蕾莎修女被美国人民投票选为 "20 世纪最受尊敬人物" 榜单之首。在此次广泛囊括各年龄层（除婴孩外）的调查投票中，她以压倒性的优势成为美国人民心目中的伟人。2009 年，她被诺贝尔基金会评为诺贝尔奖百年历史上最受尊崇的三位获奖者之一（其他两位是爱因斯坦和马丁·路德·金）。特雷莎修女曾说过："即使把你最好的东西给了这个世界，也许这些东西永远都不够。不管怎样，把你最好的东西给这个世界。"从这段话中，我们可以清晰和深刻地领会到她为世界和平与人民福祉心甘情愿奉献的崇高精神。她用自己毕生精力忠诚地服务于弱势人群的伟大行动，给这个世界留下了极其宝贵的精神财富。

17世纪的英国作家约翰·邓恩有一句名言："谁都不是孤岛。"这句话蕴含的精髓就是"社会责任",每个人的言语和行为都会给身边的人带来影响。无论人是否能够意识到,只要活在世上,就是社会网络中的一分子,肩负着一定的社会责任,在社会中产生作用。具有强烈社会责任感的人,会对社会发挥正向的推动作用,他们总是积极地为别人谋幸福,辛勤地为社会服务,并且竭尽全力做出自己最大的贡献。

　　2. 成为付出的团队成员

　　社会责任感不仅体现在服务于国家和社会的层面,而且还表现在为所在的单位和团体尽力做出自己的贡献。具有社会责任感的人,能够积极地与团队成员配合,愿意主动承担比较艰巨和困难的任务。同时,他们也乐于同大家分享与合作,将自己的聪明才智奉献出来。在遇到问题和挑战的时候,受责任感驱动的人将不遗余力地付出自己的时间和精力,及时提出自己的意见和建议,冲在攻坚战斗的最前沿,是一名具有突出贡献的建设性团队成员。在整个团队的合作中,这样的人往往起到非常重要的凝聚作用,是集体中的核心人物。

　　对于团队中核心人物的重要性,美国加州大学洛杉矶分校的神经学教授哲罗姆·英格尔曾说过:"现在生物医学研究已经是一门交叉学科,也是高技术学科,没有哪个人能通晓一切。要想做研究,就要依靠项目团队。一个人如果能激发大家的努力精神,能协调工作,善于推动医学项目运作,那么他就能在项目团队中发挥凝聚力。而研究课题的前景如何,也要看研究小组中有没有这样的人。"在科研领域如此,在其他领域也是这样,团队拥有集体责任感强和领导能力强的成员是头等重要的因素,对于团队的合作与成功具有决定性的作用。

　　社会责任感强的人还有一个更为重要的品质,那就是为了集体的目标和利益,不计较个人的得失。只要他们认为是应该为集体去做的事情,即便没有任何报酬,自己也不能从中得到任何益处,也会心甘情愿地为其努力。在这样人的心中,有一个坚定的信念:要为他人、集体和社会做有意义的事,虽然自己的力量有限,但如果坚持下去就会产生很大的作用。

　　然而,一些人却不这样认为,觉得自己又不是什么领导人,对社会不会有任何直接的影响。所以,他们对集体和社会漠不关心,整天只想自己的事

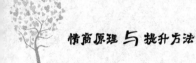

情。这样的想法和做法是不正确的,对个人参与集体和社会活动以及在其中做出贡献,会产生很大的阻碍作用。特雷沙修女曾说:"我们常常无法做伟大的事,但我们可以用伟大的爱去做小事。"她正是坚持了这个既朴素又高尚的人生信条,对陷于贫困境况的人给予了无私的关爱和无限的同情,从而对推动人类公平和社会正义起到了很大的作用。这是一个很简单的道理,涓涓细流不会有什么气势,但如果汇成大江大河就会势不可当。虽然一个人的作用是微小的,但长期积累起来就能成为促进社会发展的巨大动力。

3. 依照责任心支配自己的行为

具有社会责任感的人,在做任何事情的时候,不会优先考虑个人的利益,而是将他人和公共的利益摆在第一位。他们的公德心很强,总是负责任地对待人和事。一个人的责任心可以体现在生活的方方面面和各种职业的活动中,它是反映社会责任感的重要指标。如果某个人标榜自己有社会责任感,但总是不负责任地去做事情,那么他就是虚伪的,根本谈不上有什么社会责任感。

具有社会责任心,还意味着尊重他人的权利,恪守为了保护所有人利益的道德与伦理规范。这种以维护他人权益为前提的社会责任感,可以体现在个人和集体两个层面。在个人层面上,具体表现是在生活和工作中不为自己的私利去损害他人的利益,只要对他人和团体有益处,即使自己受些损失,也能欣然接受,没有任何怨言。在集体层面上,其表现是不把小团体的利益凌驾于整个社会的利益之上,宁可丢失自身的利益,也不让大众的利益受到损失。下面是美国天伯伦公司履行社会责任的例子,从中我们将看到该企业是维护大众利益的典范。

案例 9-1

美国天伯伦公司是一个家族企业,生产长靴、鞋和户外服饰等。它的 CEO 是杰弗瑞·斯沃兹先生。他在一次报告中讲述了自己经营这个公司的经历。在刚刚升任 CEO 的时候,他只是一个"被宠坏了的富家子弟",根本没有把大众的利益放在重要的位置,后来因为一次在波士顿向无家可归的人群捐鞋的公益活动,使他的思想发生了彻底的转变。自那以后,他重新调整了公司的目标,将履行社会责任作为该公司的一个重点。

天伯伦公司非常注重消费者的利益，力图最大程度地满足顾客的需求。2006年，公司在新式装鞋盒上贴了"营养标签"（类似于食品包装上的说明），注明产品的产地、生产过程及其对环境和社会的影响。该公司全球品牌高级经理戴夫·阿兹纳沃里安说过："考虑到人们在看到食品包装上的营养标签时很有亲切感，我们想到为何不在我们的产品盒子外面也贴上'营养标签'？"由此看来，这家公司真的是在为消费者的方便和感受考虑。由于高质量的产品和温馨的服务，天伯伦公司的经营效益猛涨。2011年，其位于新罕布什尔州斯特拉姆市的鞋袜和服饰公司再创新高，其销售额达到了16亿美元。

　　除了全心全意地满足顾客的需求以外，天伯伦公司还着力加强内部员工队伍的建设。该公司拥有全美最健全的员工志愿者计划，名为"服务之路计划"。公司数十年如一日地坚持实施这个计划，允许员工在上班的时间里抽出40个小时参加公益活动，为社会提供个人服务。在员工参与公益活动的过程中，他们是带薪服务的，公司用这种方式鼓励员工积极投入到社会公益事业当中。

　　天伯伦公司为顾客着想，热心公益事业，同时又非常关怀员工生活，是一个出色地承担社会责任的企业。它具有很强的吸引力和凝聚力，员工们都愿意长期留在这个公司工作，觉得自己是这个"让世界变得更好"的企业的一部分，而不仅仅是为一个鞋厂在工作。

　　由于天伯伦公司的服务理念、生产业绩和社会反响，它被美国《商业道德》杂志评选为"美国前100名企业公民"。该杂志在颁奖词中曾这样写道："名单中令人印象最深刻的企业之一是天伯伦，他从去年的第74位跃居到今年的第6位。"

　　天伯伦公司的案例告诉我们，无论是个人还是集体，只要勇于承担社会责任，心系他人的需求，为大众谋福利，就会在事业发展的道路上越走越宽广。良知和责任心是履行社会责任的重要基础，也是能够赢得社会尊重的先决条件。有了它们的导引，就会产生对于集体和社会的义务感，就会战胜私欲而且义无反顾地投身于建设社会的伟大事业之中，最终做出不同凡响的贡献来。所以，要想成为对社会有较大贡献的人，首先要让自己拥有一颗以社会和大众利益为重的良心。

4. 认真遵守和维护社会规则

拥有社会责任感的人,不但一贯努力为社会做贡献,是一个积极、合作的团队成员,而且还是遵守社会规范的典范。在从事本职工作和参与社会生活的过程中,他们总能严格要求自己,不做有损于社会或集体利益的事情。无论他们处于多么高的职位,有多么优越的条件,都不会以地位自居,也不会狂妄自大,而是以一个普通人的身份去维护社会的利益,按照规则去处理事情,在各方面严格要求自己。在众人心里,他们具有极高的威望和影响力,受到尊敬和爱戴。

相比之下,一些人却认为自己有权力、有地位,将自己凌驾于社会公德与规范之上,做出损害国家和公共利益的事情,如以权谋私、贪污腐败、营私舞弊等。与那些努力为社会服务的人对照起来,这些只为自己私利、不顾人民利益而为非作歹的人,显得非常渺小和可悲,必然遭到大众的唾弃。

5. 作为负责任的家庭成员

"社会责任感"还有一个相对狭义的理解,那就是对自己的家庭负起责任。作为一个家庭成员,如父亲、母亲、儿子、女儿,都有对自己的家庭负责的义务。父母不但要爱护和教育好自己的儿女,而且还要关心和帮助自己的配偶,担当做夫妻的责任;儿女要照顾和赡养自己的长辈,履行子女的责任,奉献自己的爱心,同时也要与兄弟姐妹彼此相爱,珍惜手足之情。如果家庭中的每个人都成为积极、肯于付出的成员,那么,家就会成为一个爱的港湾,每个人都会感到无比的幸福。

然而,在现实生活中我们却经常看到,一些人没有承担起作为家庭一员的责任,更没有履行自己作为父母或儿女的义务。他们对家里的事情不闻不问,对家中的其他成员漠不关心。客观地讲,这样的人是非常自私的,心里仅有自己,只为自己而活。试想,倘若一家中的每个人都持这种态度,都不去关心和爱护他人,这个家庭一定是极度缺少爱和凝聚力的,每个人在其中都不会感到温暖。久而久之,成员之间在感情上会逐渐疏远,甚至发展到彼此分离或家庭破裂的地步。要避免这种状况发生,家庭成员一定要负起责任来,多考虑亲人的需求,多为他们做事,把爱献给家中的每个人。有了高度的责任感，并用实际行动去履行，一定会使家中充满温馨和快乐。

二、履行社会责任的有益回报

一提起"社会责任感"，你最先想到的词很可能是"服务""给予"和"奉献"。不错，承当社会责任一定会耗费自己的时间、精力甚至花费金钱，因为无论履行哪一方面的责任，都需要以一定的方式去付出。然而，你是否曾经想过，担负社会责任会给自己带来什么益处？虽然真诚为社会奉献的人不会从私利出发去做事情，也不会去想自己要从中获得什么，但事实上服务于他人、集体和社会总会给人带来意想不到的收获。下面我们就来分析一下，履行社会责任能给个人带来哪些回报。

1. 幸福感得到提高

一个人在为他人或社会服务的过程中，要投入许多时间和精力，有时还会影响自己的生活，看起来的确有所损失。然而，当看到他人的困难得到了解决，社会在某些方面发生了变化，甚至有了明显的进步，人就会受到很大的精神鼓励。这种精神鼓励的直接效果就是，个人的幸福感得到了很大的提升。美国芝加哥大学社会研究项目主任汤姆·史密斯发现，满足感和幸福感最高的人，通常是那些从事服务性工作的人。这一现象验证了人们常说的一句谚语：送人玫瑰，手留余香，帮助别人会给自己的心里增添许多快乐。为他人或集体做一件平凡的小事情，就像送给别人一枝玫瑰花那样微不足道，但它带来的温馨却会在送花人的心里渐渐弥漫开来，使自己的心中充满幸福的感觉。

2. 自我价值感不断提升

当一个人对他人或社会做出自己的努力，并且看到个人的付出获得了成果的时候，能产生很强的自我成就感，对于自己会有新的认识，自我价值感也将随之升高。在西方，这种"通过帮助别人来改变自己"的方法经常被用于心理治疗当中。对于患有抑郁症的人，最著名的治疗方法就是让他去帮助别人。心理治疗师经常推荐的治疗抑郁症的方法就是让患者去帮助一个病情更严重的抑郁症病人，协助那个人振作精神。在帮助其他病人的过程中，由

于看到自己的努力取得了效果,体会到了个人的作用与价值,使得自己的抑郁症状得到了有效的缓解,逐渐建立起了自信心。

3. 不良情绪得到消解

履行社会责任能够让一个人开始注重自己的优势,利用自己拥有的知识和能力为他人服务,这样,就能使人减少思考自己缺少什么,也很少再去想自己哪里不够优秀,情绪会变得活跃和积极起来。我们经常看到,那些愿意为他人和集体奉献的人,情绪都是非常乐观的,不会处在消极和悲观的状态。而且,努力付出的人还有非常强的同理心,能敏锐地察觉到他人的需求,从心里产生一股强大的动力,驱动他们去帮助别人解决困难。与此同时,他们也有着很强的感恩之心,对自己所拥有的一切充满感激,并愿意与他人分享自己的快乐。美国迈阿密大学的迈克尔·麦卡洛发现,怀有感恩之心的人往往精力更加充沛,心态更加乐观,感受到的压力较少,而且在临床上患有抑郁的概率比普通人低。因为他们有了积极的心理情绪,即便有什么不顺利,心中出现了一些不愉快的感觉,也都会被强烈的责任心和使命感所驱散。

加拿大情商培训专家哈维·得奇道夫在失业期间尤其热衷参加志愿者活动,他在回忆自己的经历时说道:"我出去帮助更加不幸的人,能够转移我的注意力,使我不再一味地思考我自己的问题,让我觉得自己在为社会做出一些有价值的贡献。"在总结大量情商培训体会和案例的基础上,他强烈提倡人人都做志愿者,并且认为对于那些处于失业状态的人来说,参与社会公益活动更加重要。

从上面的讨论读者可以看出,承担社会责任能给人带来诸多的回报。就像美国情商研究专家斯坦和布克所比喻的那样:"社会责任感就像扔进水里的一把鹅卵石,涟漪会一圈圈荡漾开来。"一个人为他人、集体或社会付出了努力,即使他自己并不奢求得到什么好处,也一定会收到丰厚的回报,有时候甚至能取得意想不到的收获。

三、社会责任感的培养

一个人生命中的最大快乐与成功,在于为社会最大程度地做出自己的努力,让自己的人力和物力拥有更广泛的社会用途,成为社会群体中负责任、有贡献的成员,生命达到最充实的状态。当然,要达到这种状态不是一蹴而就的,需要经过自觉的、长期不懈的努力。培养社会责任感不能只靠意愿,或者只有所谓的"决心",而是必须经过系统的训练,采取积极的行动,才能使自己的社会责任感不断增强。下面我们来讨论一下,一个人可以通过哪些方法和途径来培养社会责任感。

1. 认真分析自己的优势和潜能

当我们有了服务于他人、集体或社会的美好愿望之后,首先要做的事情是全面地分析自己。这里所说的自我分析,主要指的是对个人的优势和潜能的衡量。无论我们想在什么方面履行社会责任,一般都需要具备一定的知识和能力,尤其需要相关的技能。人的特长和潜能不尽相同,有的人善于说,有的人乐于写,还有人擅长动手操作,等等。不管具备哪一方面的能力,都会有服务于社会的用武之地。只有知道了自己的优势所在,才能确定好所要服务的方向和领域,使自己的努力收到最佳的效果。

当然,在你进行自我分析后可能并未发现自己有什么突出的能力和特长。如果出现这样的情况,千万不要气馁,更不能减弱你承担社会责任的决心。我们都知道,有一些社会服务是不需要特殊技能的,只要有热情,肯于奉献时间和精力,就可以投身其中。笔者结识了一位73岁的老大姐,一直被她的为人谦和、热爱生活和热心公益事业的人生态度所感染。从2013年3月开始,她利用自己的休息时间在公园内捡拾被人随意扔在地上的烟头。到2014年1月为止,在不到一年的时间里,她已经捡了3.1万多个烟头。由于她的腰部有病痛,这位大姐就用一个长把夹子捡烟头,用自己的实际行动来感化和教育那些不维护环境的人。在大姐的带动下,很多人都加入到了这个保护环境的队伍中,在一年的时间内大家一起捡了94.5公斤的烟头。因为这位大姐在环境保护方面所发挥的作用,以及年岁虽高但心境不老的生活姿态,她被网民们亲切地称为"烟头大姐",如今"烟头大姐"已经是大连市慈善总会的五星级义工了。

这个真实的案例教育了很多人,也感染和带动了许多人。"烟头大姐"的行为给了我们一个重要的启示:投入社会服务可以有许多种方式,有专业知识和技能更好,如果没有也同样可以积极参与到公益事业当中。只要有一颗服务的热心和坚韧的毅力,就能成为一名推动社会文明与发展的建设者。

2. 仔细寻找可以服务的机会

我们生活在一个需求俯拾皆是的世界里，只要用一颗爱心去认真地发现，总能找到自己可以发挥作用的机会。首先，家庭就是一个可以奉献爱心的地方。在家人和亲属有需要的时候，例如，生病时需要有人耐心地照顾，在工作上遇到需要别人帮助完成的任务，遇到烦恼或者有压力的事情需要安慰和开导等，我们都应该及时地给予关心和帮助。其次，工作岗位也是我们提供服务的场所。无论做什么工作，都要求我们有一颗爱岗敬业之心，把自己的才华和能力用在需要的地方。例如，与同事一起完成各项任务，帮助他人解决工作中出现的问题，协助领导攻克难关等，都需要我们有奉献的精神，担负起自己应当履行的责任。最后，身边的朋友和所在的社区也一定需要各种帮助，同样需要我们尽力相助。总之，如果我们细心观察、深入了解，就会发现家庭、工作岗位和身边环境中的各种需求，就能找到可以服务的地方。

3. 参加社团和公益性组织

要想在集体和社会中发挥个人的作用，做出自己的贡献，一种相对有效的方式是参加社会团体或公益性组织。社会团体的种类繁多，大体归纳起来，主要有四种类型的社会团体，即学术研究类、行业协会类、社会服务类和休闲生活类。这些类别的社会团体是国民生活的重要组成部分，对于整个社会的发展起到很重要的作用。倘若你能成为其中任意一类社会团体的成员，在里面担任一定的角色，发挥积极的作用，那么，为社会做贡献的美好愿望就能变成现实。目前，我国社会团体的发展水平良莠不齐，有些正在发挥实质性的作用，而有些却功能微弱，需要有志之士为其付出努力。

参加各种公益性组织，为社会中有特殊需要的人群服务（如患病儿童、孤寡老人和残障人士等），更能体现一个人具有强烈的社会责任感。通过参加公益活动，我们可以把自己的时间和精力奉献给急需帮助的人，使他们的困难得以解决，各种需求得到满足。除了对社会有较大贡献之外，投身公益事业还能陶冶人的情操，净化人的灵魂，铸就一颗爱心。同时，也会提升自我价值感，增添心中的喜悦。

为了更好地在公益事业中发挥个人的作用，奉献自己的爱心和行动，你需要找到适合自己的组织。从形态上来看，公益性社会组织主要包括法人型公益性社会组织和非法人型公益性社会组织,社团式公益性社会组织和财团式公益性社会组织,公募型公益性社会组织和非公募型公益性社会组织,运作型公益性社会组织和动员型公益性社会组织,登记注册型公益性社会组织和未登记注册型公益性社会组织等。在参加某一个公益性组织之前,最好先弄清楚那个组织的宗旨与目标、服务内容、活动形式、管理方式等,以便能够了解其运行机制和预期的服务成效,从而使你的付出收到理想的效果。另外,由于参与公益活动需要花费一定的精力,所以应尽量处理好公益服务与本职工作和日常生活的关系,力争达到相互促进的良好的平衡状态。

4. 建立个人服务计划

履行社会责任不是一朝一夕的事情,这需要我们做好社会服务的个人计划,将其作为生活的重要内容来安排。在制定社会服务规划的时候,可以从三个方面来考虑。其一,做好时间计划。你可以根据自己的情况,建立短期、中期或长期的服务计划。短期计划指的是几个月的安排,中期计划涉及几年的筹划,长期计划基本属于一生的服务规划。在这节课的开篇提到的特雷莎修女,就有长期即终生的个人目标,即服务于弱势群体,促进世界和平。其二,做好内容计划。你应该在分析完个人优势的基础上,将自己的社会服务定位于最能发挥潜能的地方,确定好服务活动的领域和具体内容,从而使自己能够得心应手地、精力集中地投入服务之中。其三,做好提高计划。如果你对某一方面的社会服务很有责任感,也很有兴趣,但目前还不具备足够的知识和能力,那就应该抓紧时间学习和训练。经过一段时期的努力之后,你的知识水平和服务能力都有了较大的提高,你便可以去履行社会责任了。到那时,你一定会清晰地看到服务的效果,也必然能体会到无尽的快乐与幸福。

▶ 课后自我训练 ◀

♥ 如果你想参与到社会服务之中,首先要去发现身边的人、集体和社会的各种需要,建立一个"需要清单"。然后,你再分析一下自己的知识、能力、特长及潜能,看看你在哪些方面能帮助别人,从而确定你履行社会责任的方向和领域。

♥ 如果你已经有了服务意向,可以直接去找符合你的意愿的社团或机构，制订一个参与活动的可行性计划，明确在其中将要发挥的作用，并且尽早地投入服务活动当中。

♥ 确定一个或多个需要帮助的人，制订一个服务方案，包括对时间、内容和方式等做出详细安排，并在行动上开始实施这个计划。

♥ 在每一次帮助别人或给予社会服务之后，你都要仔细回味个人的感受，想一想内心的真实体会是什么。同时，你也要认真总结一下，履行社会责任给自己带来了哪些益处。

第十课　现实判断

学完本节课，应努力做到：
- 掌握现实判断的原则；
- 了解现实判断的常见困惑；
- 培养现实判断能力。

在日常生活中，我们需要做大大小小的决定，小到买一件什么颜色的衣服，大到找一位什么样的结婚对象。每当要做选择的时候，我们就要对所处的境况进行认真的分析和准确的判断，从而做出最适宜的决定。如果是在某些关键或紧急的时刻，我们还需要做出更加快速和恰当的判断。在绝大多数情况下，现实判断（Reality Testing）会立刻影响到我们的感觉与情绪，直至影响到所采取的行动。所以，现实判断能力是非常重要的，它不仅关系到一个人能否在复杂的生活过程中做出正确的选择，而且将引导个人的生活方向和行为。

现实判断能力强的人，能够以客观的方式观察周围的世界，用清醒的眼光看待人与事，尤其能够透过表面现象，抓住问题的本质。因此，他们总能面对事物做出非常适宜的反应，不但能够把控局面，而且当机会来临时还能及时抓住。当然，一个人的现实判断能力并非天生就是强的，也不是在短时间内就可以提高的，而是必须经受一定的训练才能达到理想的程度。为了帮助读者真正理解现实判断的要义，并且通过学习和培养有效地提升这一情商能力，我们将在本节课中给予系统和详细的讲解。

一、现实判断的正确方法

当我们在生活或工作中遇到任何一件事情时,都可以从三个角度来判断它,即自己的看法、他人的看法和事实的真相(或称为事物的本来面目)。在许多情况下,自己的看法和他人的看法都不够客观,可能存在一些偏差,所以,我们需要了解事物的真实情况,为做出正确的判断乃至决定找到可靠的依据。那么,如何才能了解和依据真实的情况,做出准确的判断呢?笔者认为,在进行现实判断时,需要遵守如下原则。

1. 依据外部世界的真实情况做出判断

每个人都会有成功的欲望,都希望自己能够取得更大的成绩。然而,一个人能不能取得预想的成功,不仅与自身的知识和技能有关,还与对客观世界的看法是否准确有关。加拿大情商培训专家哈维·得奇道夫指出:"在这个世界上,我们能够取得多大的成功与我们认识世界的准确程度有很大关系。尽管我们可能认为自己对事物的认识是客观的,但这只是一种假象。我们所有的看法和判断都会或多或少地受到以往经历以及历史经验的影响。"这段话非常有道理,人们在遇到事情时通常倾向于"跟着感觉走",往往只依靠自己的主观感受或想象对事物进行判断,做出关键的决定。而且,许多人都有用自己的奢望、恐惧、曲解、偏见或对抗来诠释事实的习惯,即"戴着有色眼镜"看问题,很多时候还会尽量绕开事实。由于这样做出的决定没有依据事实,缺乏客观基础,所以其决策就没有现实针对性,甚至完全背离实际情况,根本不能引导一个人走向真正的成功。

在你遇到任何事情的时候,最应该采取的态度是不回避现实,接受客观事实,并且认真地了解事情的起因、过程和结果,努力掌握第一手资料。这样,你就不会被自己的"想当然"所误导,能够避免走上与事实相悖的道路。为了能够准确地把握现实,你要习惯于观察社会,留意所处的环境,从多个方面"解读"所面对的事情,从更高并且正确的角度看问题。尤其重要的是,要亲身体验生活,在社会中不断学习,以获得丰富的人生阅历。当逐步有了生活经验之后,你所做出的判断就会越来越接符合客观现实。

如果你已经有了自己的判断,但一时不能确定它是否正确,也无法及时找到客观证据来支持和确认自己的想法，这时一定不要急于采取行动，要耐下性子努力去寻找和收集真实的信息，同时要注意辨识虚假信息，并且及时和严格检验自己的推理过程。如果你能够做到这些，就会在很大程度上提升现实判断的准确性。

2. 抱着正确的态度看待结果

在对具体事物进行分析时，经常涉及对其结果的判断。对某件事情的结果做出怎样的估计，将直接影响一个人对于该事情所采取的行为。例如，如果一名学生认为自己即将参加的考试难度很大，怎么努力学习都很难取得理想的结果，那么他就不会竭尽全力地去复习功课。在对事情的结果进行判断时，人们通常会有两种极端的心理状态：一种是过分的期待和幻想，另一种是过分的恐惧与失望。对于想要取得成功的人来说，这两种态度都是不可取的，不利于客观地看待现实，也不利于付诸正确的行动，更无助于达到理想的目标。

对事情的结果采取幻想态度的人，总是对存在的问题和困难视而不见，对于客观情况持盲目乐观的心态，把事情看得过于理想化。不管有多少证据证明事实并没有那么美好，他们还是在那里做自己的美梦，好像成功一定会在他们的眼前出现。他们未曾认识到，完成任何一项较大的计划，都充满着艰辛和困难，都不会一蹴而就地获得成功。由于对客观上存在的不利因素或障碍估计不足，甚至完全忽视了当下自己面临的困难，所以当问题来临的时候，他们完全没有充分的心理准备，也没有足够的心理承受能力，更没有应对困境的策略与办法。"美好的结果"最终没有来到他们的面前。

与盲目乐观的人正好相反，过分恐惧的人会把事情的结果预想得非常糟糕，将出现的问题"灾难化"，认为当下的境况一定会有一个极其不好的结果。他们总是倾向于小题大做，更习惯于大惊小怪，把问题和困难看成是不可阻挡的，根本无法去应对。有人形象地比喻，这种人就像鸵鸟一样，在遇到"危险"来临时，总是喜欢把头埋在沙子里，似乎这样就能躲过险情的侵袭。因为这种人具有非常强烈的悲观情绪，对于客观现实失去信心，对事情的结果没有积极的期盼，所以，虽然他们对于客观现实的态度与过于乐观的人相反，但这两类人在行为上却十分相似，那就是都不会针对现实情况采取相应的行动，一个是盲目地盼望着"胜利"的到来，另一个是消极地等待着

"失败"的降临。他们的共同之处是：错误地判断了现实，并且都没有采取积极的行动。

在现实生活中，我们不要做上述两种人，要以客观现实作为依据来分析和判断事物及其结果，尤其在做决定的时候，更要保持清醒的头脑，逐一审视各种因素，努力使决定符合实际境况。

3. 采取集思广益的信息收集方法

许多时候，由于所面对的情况比较复杂，很多问题和矛盾交织在一起，使你一时难以理清头绪，不能对客观现实做出准确的判断。遇到这种情境时，就要及时走到周围的人群中去，收集大家对于现实的看法。中国有句歇后语："三个臭皮匠，顶个诸葛亮。"为了弄清楚事实真相，并且做出正确的判断，你应当全面地收集各方的信息，进行系统的分析和梳理，最终得出可靠的结论。

要做出准确的现实判断，你需要通过多种渠道去收集信息。认清现实的最佳途径之一就是尽可能地集思广益。你可以使用以下三种方法来收集信息：一是与他人攀谈，了解别人对于这个问题的看法；二是召开一定规模的讨论会，集中征求一下团队成员的想法和观点；三是阅读相关的材料和书籍，借助资料的帮助来开展深入的分析。通过使用这些收集信息的方法，你一定能够得到许多有重要参考价值的评论和建议。在综合各个方面信息的基础上，你就能对情况做出客观和全面的判断，最后归纳出一个明确的结论。

这里需要提醒一下，在收集信息的时候，你一定要保持清醒的头脑，避免轻信他人的建议和盲从别人的观点。对于别人的指点甚至规劝，你要加以仔细的分析，进行充分的论证，不要轻易地接受和服从。不管面对什么样的事情，你都不能为了避免承担独立判断和选择的责任，就把生活的主动权和决定权拱手交给他人。如果这样做，你就会完全失去自我，你的生活将由他人来做主。命运要掌握在自己的手里，光明的前途要靠自己去创造。

4. 保持个人情绪的稳定

大脑的智力活动会在很大程度上受到情绪的影响，好的情绪状态将带来高质量的思考结果。美国著名情商研究专家丹尼尔·戈尔曼曾经说过："情绪的力量是巨大的。在进行决策和行动时，感觉的作用等于甚至常常超过思维的作用。我们过于强调以智商为衡量标准的纯粹理性在人类生活中的价值和意义。不管怎样,当情绪占据支配地位时,智力可能毫无意义。"由此看来,人在进行现实判断和决策的时候,保持良好的情绪是非常重要的。

然而,在平时的生活中,许多人在做决定的时候表现得高度情绪化,凭借自己的心情来看问题和做事情,很多决定是在非正常情绪的状态下产生的。我们在第一课中早已分析过,人的情绪分为六个家族,有积极的情绪,也有消极的情绪(见第19页表1-1)。其中,负面的情绪包括沮丧、悲伤、焦虑、恐惧、生气和愤怒等。如果一个人被这些情绪所控制,带着负面情绪去判断事物,所得到的结论往往是不准确的,很可能是错误的。因此,在需要分析客观事物或者做出某项决定的时候,首先一定要将自己的情绪稳定好,让自己的心情处于平静的状态,然后再去思考和分析问题。只有使自己保持清醒和理智的状态,所做出的判断与决定才会客观和务实。

二、现实判断的常见困惑

在人生的旅途中,要做出无数次的现实判断和决定,对于人的生活和事业发展来说,其中有一些决定是至关重要的,影响到个人的生活方向和状态。

1. 报考大学和专业

随着我国高等教育大众化的推进,青年人上大学的机会越来越多,成为一名大学生不再是一个难以实现的梦想。然而,在报考学校的过程当中,年轻人在做选择的时候,常常遇到许多困惑。报考什么学校和专业才是明智的选择?要想得到满意的答案,报考者需要从以下几个方面进行分析。第一,认真思考自己究竟喜欢什么专业。一个人选择了一个专业,就在很大程度上决定了自己的发展方向。所以,在选择学校之前要对个人的专业喜好和兴趣倾向做出准确的判断。第二,仔细分析专业的应用前景。在确定了自己的专业意向之后,还应详细地了解要报考的专业的社会需求。这方面的信息可以帮助报考者分析专业的应用性,预测一下将来的就业形势。第三,对不同的学校进行全面对比。由于同一个专业通常会出现在不同学校的学科目录中,所以应该报考哪一所学校便成为大多数人的难题。此时,要进一步收集相关信息,认真比较每个学校的差异和特点,从中选取自己真正喜欢的学校。第四,详细考察学校所在的城市。在选取学校时也要考虑一下它所在的地点,因为读大学也是融入一个城市的生活和文化的过程,可以学习到许多大学里不能接触到的东西,所以,是否喜欢某个城市也是需要考虑的因素。

通过上述的思考和判断,便能得出一个清晰的结论。你也许从上面的分析中体会到,现实判断和个人决策并没有想象的那样困难,只是很多人没有找到判断的逻辑线索和内容要点,而且不善于收集必要的信息。倘若一个人养成了分析的习惯,勤于思考和善于比较,就一定能在现实判断的过程中游刃有余,并且能够做出一个最适宜的决定。

2. 选择职业

职业选择是个人对于自己就业的种类和方向的挑选与确定。它是人们真正进入社会生活领域的重要行为,是人生的关键环节之一。选择哪一行,做什么工作,往往比报考什么样的学校更为重要。在学校学习的时间毕竟短暂,而选择了一个职业一般会从事很多年,甚至可能将整个职业生涯都投入其中。所以,对于很多人来说,不管在哪个年龄段,选择职业都是十分重要的事情。

其实,一个人在遇到职业选择问题时,进行现实判断的过程与报考学校很相似。首先,应全面地分析和认识自己。我们在前面几节课的内容中,都谈到了"自我认识",这在进行职业选择的时候,显得尤为重要。为了选到适合自己的职业,要特别审视一下自己的兴趣、爱好、知识基础、能力特点、技能水平以及发展潜能等,这些个人素质是干好一份工作的重要基础。如果对于某个职业,本身既不喜欢,又没有知识和本领,那无疑是选错了工作。其次,还要认真地分析一下预选的职业,看看那份工作的基本要求和特点是什么,以及可能出现的挑战与未来的发展趋势。在对职业进行透彻分析的基础上,将自己的基本素质与所选职业的要求相对比,看看两者的匹配度如何。其匹配度越高,选择那个职业的合理性就越强,将来在职业岗位上取得成绩的几率也就越大。职业选择正确,有利于发挥个人的天赋,创造更大的成就,个人的职业目标也更容易达到。对于职业方向的选择,应当从上大学期间就有所准备。所学的专业对口,有利于在工作中尽快地使用个人的专长,在岗位上发挥优势,从而最大程度地实现人生价值,同时也对社会做出较大的贡献。

3. 挑选恋爱对象

对于绝大多数人来说，恋爱是个人生活的重要组成部分，几乎每个人都会经历这个浪漫而美好的时期。在一段时间的恋爱之后，两个人有了比较深刻的了解，便开始决定是否要继续发展两个人的关系，能否最终进入婚姻的殿堂。往往就在这个时候，处于恋爱中的人会感到困惑，不知道应该如何对两人的关系进行判断，所以常常导致两种不理想的结果。一种情况是，双方本应该珍惜彼此的感情，积极发展并明确关系，为走进婚姻做出更进一步的努力。然而，因为一方对其关系判断不清，态度上摇摆不定，使得另一方也动摇了继续相爱的决心，致使双方的关系停滞不前，甚至渐渐疏远，美好的姻缘就此中断。另一种情况是，本应该尽早结束彼此的关系（两个人根本不适合在一起），可是双方都很迷惑，不能准确地判断相互关系的状况，导致两人一拖再拖，浪费了彼此宝贵的青春，最终也没有走在一起。这样的结局，每个人都不愿看到，但由于缺乏现实判断的能力和果断的态度，致使两个人不得不承受令人伤心的后果。为避免这些情况的发生，人在恋爱的过程中，应当从两个方面来判断对方是否是自己的理想恋人，即内在条件和外在条件。

所谓内在条件，是指一个人所具有的内在品质，需要通过较长时间的接触和感觉才能被充分地了解。个人的内在品质包括众多方面，如道德修养、价值观、性格、情感、兴趣、才能、偏好和生活习惯等。对于恋爱的情侣来说，这些个人的内在品质往往是决定两人爱情关系能否健康发展的重要因素。在我们所开展的一项针对大学生的调查中，84%的被调查者认为，性格是影响恋爱成功的最重要的因素，性格不合往往会导致两人恋爱关系的终止。除此之外，78%的被调查的大学生还认为，沟通不畅也是两人爱情关系发展的阻碍因素。在许多青年人的恋爱过程中，兴趣和爱好也会成为影响恋爱进程的主要因素。然而，婚恋心理专家们普遍认为，在所有的内在因素中，对于爱情关系的建立和巩固起决定性作用的是两个人的人生观和价值观。性格差异大、兴趣不相投和生活习惯不一样，都可以在两人相处的过程中慢慢地"磨合"，但如果人生观和价值观不一致，两个人就很难结合到一起。

所谓外在条件，是指一个人所具有的稳定的外在状况，通过客观的了解就能被清楚地知道。通常情况下，外在条件不会随客观环境的变化而改变。现实中，人们在选择恋人时都非常重视一个人的外在条件，包括年龄、相貌、身高、健康状况、学历、职业、家庭背景、经济条件和社会地位等。尤其随着我国经济的迅速发展，一些年轻人的择偶观呈现出"经济化"取向，把一个人收入多少、是否有房有车等看作是最重要的恋爱条件。在持有这种心理的青年人中，女性的比例要远远高于男性。这种现象的出现，一方面是由于受到我国"男人要比女人强"的传统婚姻观念的影响，另一方面是由于仍有相当一部分女性的心理独立性比较弱。她们认为，找到一个经济实力强的男人，就可以托付终身了。事实上，虽然经济因素在恋爱与婚姻中能够起到很大的作用，但它绝不是唯一的、决定性的因素。其他的外在条件也是一样，都不能成为两个人爱情的"保险"。在生活中，我们随处可以见到这样的事例：虽然相恋的两个人都有相当好的经济条件，在外人看来一定是非常幸福的一对，但两人的爱情并不长久，没能成为心灵相通的伴侣。与此相反，虽然两个人不具备常人赞叹的那些优越的物质和经济条件，但彼此心心相印，共同战胜生活中的困难，相亲相爱一辈子。由此可见，青年人不应将爱情完全建立在对方的外在条件上，只有真心相爱并且志同道合，才能建造起经得住考验的爱情大厦。

通过以上对报考学校、选择职业和挑选恋爱对象三个方面的现实判断的描述，我们能够得出几点重要的启示：第一，在遇到难以做决定的困惑时，首先要做的事情是收集相关的信息和事实，只有全面了解真实情况，才会掌握进行判断的依据，才能有证据确认、证明和支持自己的观点与想法。第二，在进行现实判断的过程中，比较是其中的重点，需要在几个可能的结论中进行权衡。没有比较，就没有鉴别，不经过比较就无法区别出对错和优劣。第三，虽然现实判断离不开客观上的信息支持，但主观上的自信和自立，也是做出正确判断的重要条件。如果一个人很不自信，即便有了许多可靠的信息，也不会坚信自己的分析与判断能力，到头来还得让别人帮助做决定。

三、现实判断能力的培养

简单地说，现实判断就是准确估计当下发生的事情，清晰地应对突发情况的能力。它与视而不见或无法应对完全不同，是对客观世界的各种现象持有的一种正确反应态度和思考能力，也是做出最佳决定的一种技能。有了现实判断能力，就能对世界形成正确的分析和看法，就能避免做出错误的决策。

正因为这一情商能力如此重要,所以每一个人都应该努力地培养它,使自己能够在遇到各种事情的时候,沉着冷静,做出最恰当的决定。下面我们来做一些讨论,使读者了解哪些方法可以有效地提升现实判断能力。

1. 善于了解现实世界

世界上的现象是复杂的,也是千变万化的。你每天都要看到、听到和接触许许多多不同的事件,也会遇到让你感到困惑和难以决定的事情。为使自己能够在错综复杂的环境中头脑清醒地明辨是非,做出正确的判断,采取适宜的行动,你必须密切地关注周围的世界,细心察觉在你周围发生的一切。对身边的事情麻木不仁、漠不关心,只能使你与世界隔绝,甚至被时代远远地抛在后面。

了解现实世界的方法很多,如听他人讲述、看电视、上网阅读、读报、听广播等。通过对接收到的信息的筛选和分析,你会增加大量的关于客观环境的知识。当遇到具体问题时,这些信息就会成为你做决定的重要参考或事实依据,协助你做出符合实际的现实判断,最终得到准确的结论。我们无法想象,对客观世界了解甚少的人,在遇到重要事情的时候,能够做出正确的现实判断和决定。

2. 及时总结个人的体验和感悟

生活是最好的课堂,在其中你会学习到很多书本中没有的东西。因此,要怀着一颗敏睿的心,不仅要细致观察生活,更要悉心体会和感悟生活。在遇到疑惑、困难和障碍的时候,要进行认真的思考和分析,找到其中的问题或原因所在,尝试用不同的方法去应对,并及时查看问题解决的效果如何。在每一次经历困惑之后,还要注意总结自己的收获和体会,从中提取宝贵的生活经验。如果你在平时能够坚持这样做,养成反思的好习惯,就会不断增加个人的智慧,逐渐提升现实判断的能力。反之,如果没有反思的习惯,总是忽视那些能够使自己变得更有经验的生活经历,那你就会在每次遇到疑惑的时候,犹如第一次碰到一样,没有任何办法去判断和解答它。所以,情商高的人就是那些善于积累生活经验并且不断加以运用的人。他们经常进行自我对话,具有很强的内心自语能力,在遇到各种问题时能够自我论证和处理。

3. 积极请教有经验的人

无论你多么细心地观察现实世界，也不管你如何注意对生活感悟的反思与总结，都不能保证你将能够正确判断所有的事情。因为生活世界十分复杂，一个人经历过的事情是有限的，而未曾遇到的事情是无限的。所以，在对面临的事情尤其是没有遇到过的事情进行现实判断时，一定会有疑惑和困难。在这种情况下，向那些有相关经验的人请教，从他们那里获得有价值的参考和借鉴，是一种帮助自己做好现实判断的有效方法。你应当虚心请教，与他们一起分析你面临的问题，认真倾听他们的提示和建议。你可以请教的人包括父母、师长、朋友、同学、同事等，凡是对你可能有所帮助的人，都应当是你要请教的对象。当然，对于他人提供的信息，你一定要认真地加以分析和领会，判断其合理性，不加推敲地全盘接受当然是不可取的。

4. 提升个人的自信心

自信心是一种核心情商能力，它在人的情商结构中占据非常重要的位置。一个人有了自信，将有助于提高其他情商能力，当然现实判断能力也不例外。自信在现实判断中的作用，主要体现在两个方面：一是能增强自我判断的勇气，使人敢于进行现实判断；二是相信自己具有现实判断的能力，不怀疑自己做出的结论和决定。有些人不擅长也不敢做现实判断，是因为他们非常缺乏自信。尽管他们在遇到问题或困难时能够有一个清楚的认识，但由于缺乏由自立产生的自信，结果只能请别人帮助他们来做判断。如果别人也同样缺乏现实判断的能力，那么他们就会受到错误观点的影响，做出不适宜的判断或决定。所以，要想具备现实判断能力，首先要重视培养个人的自信品质，努力提高自信心。只有相信自己，才能有勇气沉着地面对各种挑战，在复杂和艰难的境况中保持坚定的信念与清醒的头脑，从而做出准确的判断和恰当的决定。

▶ 课后自我训练 ◀

♥ 在学习本节课之后，采用1～10评定等级，对自己的现实判断能力进行评价，检查一下你在这方面的能力处于什么水平。

♥ 在做出总体自我分析与评定的基础上，你可以进一步考察自己在生活、学习、工作、人际交往等方面的现实判断能力，找到各个方面的优势和不足。

♥ 你可以找到一些具有较强现实判断能力的人，认真观察他们对各类事物的反应，仔细分析他们的决策过程，从中你能够学到一些思维方式和进行智慧判断的具体方法。

♥ 为了有效提高现实判断能力，你应当从现在开始学习与自己内心进行对话，尝试在进行判断时加以反思，检查有没有影响正确逻辑判断的内心自语，从而提高个人的自我监控和自我判断能力。

♥ 回顾一下你的近期生活状况，找到一件最难判断而且至今尚未得出结论的事情，对其进行仔细的分析和自我论证，并从外界收集相关信息，努力对该事情做出恰当的决定。

♥ 仔细检查一下你的现实判断习惯，看看是否存在过于乐观或过于悲观、只是自己冥思苦想而不去询问他人、经常带着极端情绪做决定、在做判断和决定时缺乏自信心等不正确的情绪或行为。如果存在这些问题，应当在今后的生活和工作中逐步加以克服改正。

第十一课　问题解决

学完本节课，应努力做到：
- 认识问题解决中的常见错误；
- 了解问题解决能力的表征；
- 掌握问题解决的基本步骤。

我们生活在一个纷繁复杂的社会里，这个世界是由众多维度编织而成的。在每一天的生活中，我们都会遇到各种各样的问题。无论愿意不愿意，我们都必须成为一个很好的问题解决者，否则就无法生存下去和取得任何成功。

问题解决（Problem－Solving）是一个人活在世上必须具备的情商能力，它直接影响我们能否克服生活和工作中的困难，能否达到个人的目标和实现自身的价值。要想让自己的人生精彩，为社会做出更多的贡献，我们必须不断地提升自己的问题解决能力，成为一个优秀的问题解决"专家"。

当然，问题解决能力并不是与生俱来的，也不会自然增强，需要我们有意识地加强培养，在自我努力之下逐渐地发展起来。心理学家们发现，训练人们去独立地解决问题，能够极大地提高他们解决生活中方方面面的问题的能力。在本节课中，我们将与读者一同探讨问题解决的课题，指出人们在解决问题时的一些错误的做法，揭示问题解决能力的具体表征，提出正确的解决问题的程序与步骤。我们期望通过这些讨论，能够帮助读者认识到问题解决能力的重要性，在日后的生活实践中努力地提高这一情商能力。

一、问题解决中的常见错误

在日常生活和工作中，人们不可避免地会遇到形形色色的问题，经常处于复杂、多变的问题情境之中。及时而有效地解决所遇到的问题，往往成为一项迫切和重要的任务。然而，在解决问题的过程中，每个人的能力是有很大差异的。有的人具有正确的问题解决思路，使用恰当的方法和手段，能够成功地解决问题，顺利地渡过难关。而有的人不但不具备问题解决的能力，而且还存在一些错误的做法，导致他们非但不能有效地解决原有的问题，反而还会使新的、更难处理的问题产生。下面我们来做一个全面的分析，归纳出人们在解决问题时通常出现的一些错误和不足。

1. 问题解决的过程完全受情绪支配

古罗马的政治家和哲学家西塞罗，是《沉思录》的第三位作者，对人类的生活与处世给出了许多精辟的论述。他曾说过："人们通过仇恨、喜爱、欲望、愤怒、悲伤、喜悦、恐惧、错觉或者其他形式的内在情感解决的问题，远远多于通过事实、权力、法律标准、司法先例或法令解决的问题。"西塞罗的这段话，揭示了人类在处理问题时习惯由情感来控制的天然秉性，指出了人在很多时候是缺乏理性的。在上一课我们讨论关于"现实判断"的内容时，曾经谈到过情绪对个人判断和决定的影响，这里我们要指出的是：不能控制情绪对于问题解决也是同样有害的。

在解决各类问题的过程中，一个人对于自身能力的信任程度以及能否有效应对和处理好负面情绪，对于问题解决的最终效果具有相当重要的影响。也就是说，自信和情绪是问题解决的两大关键，而这两个方面又都属于情感范畴。在一般情况下，人们普遍认为解决问题只需要运用智力，只要足够聪明就能把问题处理好。然而，情感在解决问题的过程中扮演着与智力同样重要的角色，而且在很多时候情感还可能起到更大的作用。

由于情感在解决问题的过程中会发挥非常重要的作用，所以我们要注意管理好自己的情绪，切记不能让情绪任意泛滥，甚至达到失控的状态。如果不能控制好情绪，会使头脑中的智力活动受阻，思维逻辑出现混乱，无法理性地解决所面对的问题。我们常听到有人这样描述一些正处于热恋期的年轻女子，说她们"一旦坠入爱河，智商就等于零"。这句话的意思是，她们的理智已经完全被情感所压抑，根本无法清楚地判断和解决自己所遇到的问题，更不能把握自己在恋爱中应该持有的理性态度。

2. 缺乏对"技术性问题"转化的警觉

在我们通常所遇到的问题中，绝大部分都属于"技术性问题"，即在操作或做法方面遇到了困难和障碍，尚未找到更好的解决办法，反复尝试也没能使结果达到理想的状态。在这种情况下，很多人便开始着急、焦躁或灰心，产生很多负面的情绪。而正是由于不良情绪的出现，在很大程度上影响了对于原有的"技术性问题"的解决。本来所碰到的问题并不很难解决，但由于人们的情绪处于不佳状态，所以会感到解决起来特别困难。其实，这时"技术性问题"已经被"情绪性问题"所取代，人所要面对的是自己的情绪，如果情绪不能恢复正常，就不可能解决好技术的问题。例如，一个人要参加一次非常重要的考试，在很短的时间里需要学习、记忆和理解很多内容。当他想到任务那样艰巨而且考试结果又非常重要时，就开始出现焦虑的心理，使自己越来越着急，越发不能安心备考。这样的心理状态，使他不能深入地钻研学习内容，无法放松心情地投入到复习之中。此时，他所要解决的首要问题显然是如何把自己的情绪稳定好。事实上，人们在生活中所遇到的各类问题，都有可能转化成情绪性问题，如果不能及时地察觉和有效地应对，必然会影响到问题解决的过程和效果。

3. 遇到问题时采取回避的态度

我们经常能见到这样的人，他们特别害怕遇到问题，非常胆怯去面对和解决问题。由于具有这样的恐惧心理，他们在碰到问题时就会"绕着走"，不去直面问题，更不会积极、主动地分析问题和处理问题。在他们看来，如果不用去解决，也能躲过去，就是自己最大的幸运。由于长期对问题解决持有这样的态度，导致许多问题不断堆积起来，使他们的生活和工作状况都变得越来越糟糕。我们都知道一个很简单的道理：问题的存在是客观的事实，它绝对不会因为被人有意忽视或回避就自动地消失。

用辩证的观点来看，遇到问题并不可怕，如果生活中没有问题，反而会变得乏味、单调，甚至窒息。正如美国爵士乐史上最杰出的人物、著名作曲家和钢琴家爱德华·艾灵顿所说:"遇到问题是你竭尽全力的机会。"的确如此,如果一个人总是一帆风顺,他就不会去开发自己的潜能,更不会尽到最大的努力,那么他的问题解决能力和承受困难的心理素质就不会得到提高。加拿大著名作家和歌手布莱恩·亚当斯说过:"困难是获得更好东西的机遇,是获得更多经验的垫脚石……当一扇门关闭时,一定会有另一扇门打开。"美国实业家亨利·凯泽也说过:"问题只是伪装的机遇。"因此,我们要把解决问题看成是积累经验和增长能力的大好时机,也要把它看成是走向成功的必然过程。在任何问题出现的时候,我们都应该避免厌烦、回避、紧张和恐惧等负面心理情绪,要以积极的态度和坚定的信心去面对和解决它。

4. 缺少对问题产生原因的分析

我们还会见到另外一种人,他们在遇到问题时,往往是头痛医头、脚痛医脚,不是针对问题的实质去解决。例如,一个人总是和别人吵架,引起了周围人的惧怕和疏远,形成了人际交流不良的问题。为了改变这种局面,他就自己暗下决心:以后遇到事情时要少说话,闭上自己的嘴巴,一定不再与别人吵架了。然而,当他再遇到不顺个人意愿的事情时,又会同别人发生强烈的争执,大喊大叫地吵起来。这个结果表明,他并没有真正解决与人交流的问题,一碰到让他不高兴的事情就会"旧病复发"。出现这种现象的根源是,他从来就没有认真查找过自己爱吵架的具体原因,没能把自己身上的问题找出来。具体分析起来,许多原因可能会引发他的吵架行为,例如,总觉得自己的看法是正确的,极力排斥别人的观点,无法理解别人的心理活动,在与人争论时控制不住自己的情绪,总是想维护自己的面子,等等。如果这个人能对这些可能的原因做一个认真的分析和排查,就可以找到吵架的症结,认识到自己的不足,从根本上预防和解决这个问题。任何问题都有其浅层和深层的原因,只有一一地找出它们,才能有针对性地、彻底地把问题解决好。

5. 缺少对问题解决对策的研究

遇到一个较难解决的问题时,除了不要被一时的不良情绪所控制以外,还应冷静地、积极地分析问题,找到解决问题的思路和方法。然而,许多人在面对具体问题时,却不善于安下心来仔细地研究问题,更没有决心去认真寻找解决问题的办法。如果没有从本质上认识问题,找不到问题的要害,又不在方法上做深入的探究，那么，问题就只能永远地留在那里。一般来说，解决问题的方法总是会存在的，而且也是多样化的，只要有一个积极的态度，坚持耐心去寻找，就一定可以发现最适宜的解决对策。正如美国情商研究专家斯坦和布克所做出的结论："解决问题与认真负责、训练有素、合理安排、有条不紊、条理清晰和坚持不懈有关。关键在于愿意在困难或逆境面前全力以赴。"

二、问题解决能力的表征

问题解决能力是一种非常重要的情商能力，它影响一个人对于问题的反应方式和行动取向，从而决定人的境遇和命运。既然这种能力如此重要，我们就应该详细地了解它的内涵，真正认识其本质特征，并且系统地加以培养与训练。归纳起来，问题解决能力由以下表征集合而成。

1. 具有敏感的问题意识

虽然人人都生活在由各种各样的问题所包围的世界里，但每一个人对于其问题的反应是不尽相同的。有的人具有非常强的问题意识，能够敏锐地感知问题的出现；而有的人即使已经处在非常严重的问题之中，仍然不能感知问题的存在。发现问题能力强的人，不但能够及时地察觉问题，还能全面和准确地描述问题，即目前遇到了什么问题，问题的表现是怎样的，已经到了何种程度。在对问题有了清楚的描述之后，他们还能够对于问题的性质及原因做出清楚的界定。然而，那些没有问题意识的人，对于自己遇到的问题很麻木，更判断不出问题发展下去会有什么后果。例如，一些人在生活中养成了对于某些物质的极度依赖，如过分购物、沉迷于电子游戏、过度食用某些食品和药物等；另外一些人在思维上存在非常有害的习惯，如总是倾向于负面思维、遇到不顺利的事情就产生抱怨的想法、对于自己总是信心不足等。由于这些人没有及早地发现自身存在的问题，不加以自我控制和及时纠正，所以导致自身存在的问题越来越严重，发展到难以克服和解决的地步。因此，对于问题解决能力来说，及时而且准确地发现问题，是非常重要的特征之一，也是问题解决过程的关键起点。

2. 采取积极的应对态度

在生活和工作中遇到问题的时候，不同的人所采取的态度也是不一样的。在出现的问题面前，情商高的人对于解决问题都会抱着积极的态度，不会被问题吓倒。他们不论遇到什么挑战，都能调动自己的积极情绪来进行自我激励，一直保持"一定要解决问题"的决心和勇气，不会退却或灰心丧气。这些表现都是高情商的突出特点，也是问题解决能力的主要心理特征。然而，低情商的人在遇到问题时，不能正视它，表现出态度软弱，甚至意志消沉。他们常常等到自己被问题挡住或者碰壁，然后便惊慌失措，无法找到问题的症结和原因，直到最后被问题彻底打败。我们经常听到有人说："态度决定一切"，面对问题的态度会决定问题解决的最终结果。因此，我们一定要养成积极面对问题的习惯，不要退缩，更不要惧怕，而是要勇敢地接受各样问题的挑战，这样，就能变为一个成功的问题解决者。

3. 寻找有效的解决方法

要想真正解决问题，仅有积极的态度是远远不够的，还要认真、努力地寻找解决问题的办法。具有高情商的人，在解决问题的过程中清楚地知道在什么情况下应该去请求别人的帮助，会将时间节点把握得很准确，不是刚一遇到问题就靠别人来解决，也不是等到问题相当严重了才去寻求援助。同时，他们也懂得如何向他人请求帮助，有着很强的人际交往能力。这种能力对于问题解决是至关重要的，决定了一个人在遇到问题的时候是否有人愿意帮忙，以及能够得到何种程度的帮助。

除了向他人请求帮助以外，高情商的人还能主动地应用"直觉"来解决问题，即凭借自己的预感和判断。这种"直觉"是基于他们的自我衡量和以往经验，不是一种毫无根据的盲目的感觉。直觉通常是问题还没有完全暴露但即将出现时的预警，情商高的人能够感到直觉带来的潜意识信号，及时抓住它们，不会轻视和忽视对于判断和解决问题有作用的所有的重要信息。

在寻找解决问题的方法时，高情商的人还有一个重要的特点，那就是不因循守旧。他们遇到问题时，会以不同以往的视角和创新的路径去解决问题，尽可能多地找出备选方案。为了探索新的解决问题的方法，他们通常要经历持续的、艰苦的甚至痛苦的过程，有些可能是常人无法理解和认可的。当然，他们在大胆地不拘泥于以往经验去寻找新方法的同时,也会权衡和预防由于不墨守成规所带来的风险。

4. 化解消极的负面情绪

上面我们已经提到,高情商的人对待迎面而来的问题持有积极的态度,不会回避已经出现的问题。但是他们在解决问题的过程中,也可能会因为一些困难和失败而产生一时的负面情绪,然而,当出现消极情绪时,他们不会"就范"于它们,而是能够自我排解和消除,使自己快速还原到积极的情绪状态。而低情商的人在遇到问题时,不但会在行动上"乱了阵脚,"而且还将持续出现许多不良情绪,如自暴自弃、沮丧、苦恼、焦躁、恼怒等,甚至会用非常极端的坏情绪去处理问题。这样做往往会有重大的损失,导致境况变得更加糟糕。由于低情商的人缺乏足够的自我控制能力,所以这些情绪就会成为难以跨越的解决问题的障碍,使原本的问题非但没有被解决,反而又出现了新的心理问题,情况变得越来越糟糕。

三、问题解决的基本步骤

提高问题解决能力的关键,是掌握解决问题的有效策略。对于其策略的了解和运用,虽然可以在生活的经历中慢慢地加深和熟练,但是如果能尽早地有意识地加强培养和训练,就会较快地掌握解决问题的方法和技巧。作为解决社会问题的专家,心理学家托马斯·祖瑞拉和阿瑟·纳祖对多年取得的研究成果进行了科学的总结,出版了几十份关于问题解决能力培养的报告。不同的研究报告显示出同样的结论:通过系统地训练人们更好地解决问题,能够极大地提高他们解决生活中各式各样问题的能力。这个重要的结论告诉我们,有目的地培养问题解决能力是非常必要的,对于促进人的事业成功、提高生活质量和建立良好人际关系,具有相当重要的作用。

尽管我们在生活和工作中所遇到的问题是千差万别的,从问题的属性到表现的形式都不尽相同,但是值得庆幸的是,解决问题的过程是有规律可循的,完全可以总结出一个普遍适用的问题解决流程。美国情商专家史蒂文·斯坦和霍华德·布克曾总结了解决问题的六个基本步骤。我们在此依据其结论,更加详细地讨论问题解决的过程及其策略。

1. 感知自我，描述问题

无论在什么情况下，每个人遇到问题都会产生一定的反应，即便是非常有经验的人，碰到一个从未见过的难题也免不了会感到紧张。然而，光有紧张的情绪，对于解决问题是无济于事的，必须立即对其给予积极的回应。

在遇到问题时，首先应该做两件事。①察觉自己的情绪。你需要细致地感知自己出现了何种情绪，是否有害怕、担忧、惊慌失措和焦虑等情绪。如果你了解了自己当时的情绪，就可以有意识地控制不良情绪，预防坏情绪对解决问题产生负面影响。倘若你能保持比较轻松的心境，那么对于问题解决是非常有利的，很大可能会顺利地渡过难关。②清楚地描述问题。你需要问自己"我遇到了什么问题""是新问题还是老问题""是技术性问题还是人际性问题"，并且努力把问题存在的现象和发生的原因描述出来。从概率来看，你遇到的问题大多属于人际关系范畴。此时，你应该从多个角度分析问题，如自己的认识、别人的立场、公众的看法等。这样，你就能在保证情绪正常的情况下，更加理性、客观和全面地看待问题，避免出现狭隘的观点和个人的偏见。

2. 头脑风暴，列出方案

在对所遇到的问题认识清楚之后，接下来的任务是形成解决问题的具体方案。实际上，不管你面对一个什么样的问题，你都会有若干种可以用于解决问题的方法。因此，在碰到问题的时候，你不要操之过急地立刻决定使用某种方法，更不能不去思考是否还有更加有效的方法。此时，你需要放开自己的思维，大胆地去想所有可能的办法，尽力寻找多种解决问题的途径和方法。这样的思考过程就是人们通常所说的"头脑风暴"，在其中你可以利用自己的相关知识、已有经验以及大胆设想，将各种不同的方法汇集起来。虽然其中一些方法看起来可能是不成熟的，或者是没有多少道理的，但你也不要阻止和扼杀自己的想法，而是要让自己天马行空地想象。同时，为了寻找更多的问题解决方法，你还可以设想，如果那些解决问题能力强的人遇到了同样的难题，他们会采取什么方法来应对。在想出所有方法之后，你还应该进行归纳和总结，梳理出若干个具体的解决问题的方案。

3. 仔细分析，评估方案

在头脑风暴之后，你想出了一些不同的解决问题的方案。究竟哪些方案是合适的，哪个是相对有效的，还得进行一番衡量。你应当在头脑中把想到的方案重新梳理一下，如果能写在纸上会更好，然后对每一个方案进行仔细斟酌，尤其要设想一下使用后可能出现的结果。通过这样一个过程，你就可以把所有的方案都认真地分析一遍，从而得到一个按照优劣程度排出的顺序。在排序的时候，你不要忽视自己的直觉，往往感觉好的方法是可行的，也会比较有效。从感觉的作用来看，它本身就是重要的信息，感觉不对头的方法，在实际中很有可能是行不通的。因此，适当地运用直觉来评估问题解决方案，是一个不可轻视的环节。同时，你还要仔细分辨那些在感觉上十分相近的方案，不要放过星星点点的证据，透彻地分析和想象各种方法的使用潜能，力争将那些方案排列出一个准确的顺序。

4. 权衡利弊，做出选择

将所有想到的方案排列出顺序，并不意味着就选定了最佳的解决问题的方案。有了方案的顺序是一回事儿，决定最终使用哪一种方案又是一回事。一些时候，按照一般道理而被排在前面的方案，在实际中并不一定是最可用的。因为在使用任何一种方法的时候，都或多或少会有一定的"风险"，即有所损失或不能成功，所以，了解和认识每种方法的风险是非常必要的。虽然没有人能够百分之百的准确预测某个方法会带来什么样的结果，但你在使用某个方法解决问题之前，应当最大程度地权衡利弊，看看是否能够承担使用了那个方法却没能取得成功的后果。在你评估了风险之后，心中便有了底数和自信，也就做好了充分的思想准备，这时就可以做出最后的关键性决定了，选出将要首先使用的那种方法。

5. 开始行动，实施方案

一旦你在心里选定了解决问题的方案，就应该按照问题解决的自然流程，进入具体的实施阶段。然而，在很多情况下，人往往还不能全力以赴地投入到实际的问题解决过程之中，还会产生不太有利的想法，出现一些不应有的心理纠结（尽管在这之前已经做过"风险"评估）。例如，"如果用这个方法还是解决不了问题,我该怎么办?""这个方法实在太有难度了,我是不是要真的使用它?""在所有可能的方法中,这个会是最有效的吗?"在需要立刻解决问题的时候,这些使人犹豫的想法将会成为很大的心理障碍,导致一个人不能及时采取实际的行动。

为了能够真正地解决问题,你应当大胆地按照自己选定的方案去做,不要在解决问题的关键时刻左右徘徊。如果你总是犹豫不定,下不了决心去解决问题,你将会永远止步不前,所面对的问题也会越来越严重,因此,你要勇敢地按照你的计划加紧实施。因为你是在众多的方案中选定了一个,在此之前也已经进行了周全的衡量和判断,所以,一定要让自己选择的方案得以实施,有机会按照自己的真实愿望去努力地解决问题。当然,在解决问题的过程中,你一定会遇到困难和新的考验,不可能是一帆风顺的,而且难度可能还会很大,那你也不要退缩,更不要让自己轻易回到原点。如果你能够不断地在方法上做些调整,坚持以积极的态度去解决所面对的问题,你一定会取得最后的胜利。

6. 检验方案,评价结果

经过一段时间的不懈努力,你所选择的问题解决方案得到了具体的实施,你也有了一些实际的感受和体会。到了这个时候,你需要做一个阶段性的检查,不仅要查看自己是否认真地使用了预先选择的方法和手段,更重要的是,还要认真评估所遇到的问题是否得到了解决。问题解决过程会有三种可能的结果:一是问题得到了很好的解决,原来存在的不尽如人意的现象已经不复存在;二是问题得到了部分的解决,在程度上有所减轻,并且向好的方面转化;三是问题完全没有得到解决,依旧是原来的状况。如果是第一种情况,你会感到非常高兴,因为问题得到了根本的解决,取得了最终的成效。假如是第二种情况,你也会感到欣慰,因为你离成功越来越近了,只要继续努力,不断调整方法,你一定会彻底地解决问题。倘如是第三种情况,你也不要灰心,要重新审视你所选择的方案,看看是否是策略和方法的选择不恰当。如果真是如此,你就要启动一个新的问题解决过程,从第一个步骤开始,进入下一个循环。同时,你还要从刚刚完成的问题解决过程中汲取经验和教训,以便使下一个过程能够合理和有效。另外,你也要想到,问题没有得到解决的原因很可能是时间问题,是否使用所选方法的时间不够长,使得问题解决的效果还不能显现出来。倘若你经过分析能够确定是这个原因，那么你就应当满怀信心地继续使用那个方法，直至问题得到完全和彻底的解决。

以上描述的六个步骤，构成了一个完整和缜密的解决问题的逻辑链。前一个步骤是后一个步骤的基础，所有的步骤之间紧密相连、缺一不可，共同影响着问题解决的过程及效果。如果你想要成功地应对生活和工作中的各种问题，成为一名优秀的问题解决者，就必须有意识地让自己不仅在概念上了解这个过程，而且还要在实践中不断地加以训练，使自己真正掌握其中的六个步骤。当你能够习惯并且自如地运用这些步骤的时候，问题解决能力就真正形成了，在任何困难与挑战面前，你都将是一个敢于和善于解决问题的有智慧的成功者。

▶ 课后自我训练 ◀

♥ 在学习了这节课内容之后，你需要对自己平常遇到问题时的表现进行全面的审视，检查一下自己在解决问题的过程中是否存在常见的错误。如果的确有其典型表现的话，你需要判断一下程度，以便从现在开始就加以有针对性的克服与改正。

♥ 根据本节课讨论的问题解决能力的表征，你可以评估自己的问题解决能力，衡量一下总体处于什么水平。

♥ 对于问题解决的六个步骤，你觉得自己在哪些步骤上做得比较好？在哪些步骤上做得不够好？或者完全没有做到？对于相对薄弱的那些步骤，你需要有意识地加强自我训练。

♥ 每当你遇到情绪问题时，一般都采用什么方法来解决？你觉得何种方法最有效？

♥ 你在生活或工作中碰到人际关系问题时，通常会用什么方式去处理？你感到哪种方式的效果最好？

♥ 针对你目前最需要解决的一个问题，可能是技术性的、情绪上的或人际关系方面的，运用刚刚学过的解决问题的基本步骤，严格按照其程序去做。在完成六个步骤之后，检查一下问题解决的效果，并认真总结自己的体会，为今后进一步提高问题解决能力打下基础。

第十二课 冲动控制

学完本节课，应努力做到：
- 认清情绪冲动的常见表象；
- 明确情绪冲动的主要危害；
- 了解冲动控制能力的行为表征；
- 掌握冲动控制的训练方法。

在日常生活中，我们会遇到各种各样的人和事，可能随时需要去面对与处理。在一般人看来，与他人相处和解决问题的成败，主要取决于一个人的聪明和智慧的程度，在于他有没有更多、更好的办法。然而，事实往往并不是这样的。实际上，人在解决问题的时候，不是只靠大脑的指挥，而是需要"脑"和"心"同时起作用，也就是人们常说的"理性思考"和"情感反应"。两者会相互作用，彼此影响，共同来决定问题处理的过程和结果。而且，根据人类从事各种活动的规律和经验来看，人在进行决策和采取行动时，情感的作用常常超过思维的作用。当情绪占据支配地位的时候，即便原本是一个非常有办法的人，此时的大脑也会失灵。情绪的力量是巨大的，人的决定和行为是由情绪推动的，就像一辆汽车是由马达来驱动一样。因此，要想在行事为人上做得恰到好处，能够取得理想的结果，就必须管理和把握好自己的情绪。

情绪管理的核心任务是防止和控制过分的冲动。因为情绪冲动不受逻辑和理性的制约，所以，往往会降低决策的正确性，也会破坏言语和行动的合理性。可以想象，常常处于冲动状态的人，一定会在生活和工作中频繁犯错，

人际关系也会出现诸多问题。这是我们不想看到的情形,更不愿此种情况发生在自己身上。为了使读者对于情绪冲动获得更加深刻的理性认识,能够自觉地加以预防,不断提高情绪管理与控制能力,我们在本节课中将对情绪冲动的表现、危害以及控制方法等,展开系统的描述和分析。

一、情绪冲动的常见表象

我们每天都要做一些决定,需要处理许多不同的问题。在面对诸多选择或困难的时候,我们的心态和情绪将随着客观现象和他人行为而变化。当遇到不如意的情况时,我们的情绪就可能出现明显或激烈的反应,其中,情绪冲动就是常常发生的强烈的情绪表现。从理论上讲,情绪冲动可以对人的决策和行为产生正、负两个方面的效应,既有益处也有危害。然而,实际的情况是,它更多会给人带来不好的影响与结果。为了帮助读者清楚地识别有害的情绪冲动,避免对自己和他人产生不应有的损失,我们归纳出如下情绪冲动的常见表象。

1. 头脑发热,贸然行事

情绪冲动的第一类表现是,在遇到事情的时候,不去主动分析,也不冷静下来认真地思考,而是被急躁情绪驱使急于做决定,采取贸然的行动。具有这种情绪反应的人,不但对平常的小事不做分析,而且对没有经历过的重要事情,也完全凭着感觉来决策。由于他们不用理性思维对待事物,不能控制自己的情绪,所以,在许多关键时刻常常做出不理智的事情,从而造成难以弥补的损失。例如,一些人在确定恋爱对象时不理智,仅凭一时的冲动就与对方结婚。由于没有充分的了解和深厚的感情基础,使得两个人无法共同生活在一起,最后不得不分道扬镳。在人群中,经常发生由于头脑不冷静而做出错误决定的事情,如在工作选择、商业投资、个人创业、报考专业等方面,决策错误的现象比比皆是。许多人对重要的事情不进行充分的论证,总是带着冲动的情绪做决定,导致了许多不该有的失误,其中一些错误往往会使人后悔一生。要想避免情绪冲动给个人生活和工作带来负面的结果,我们必须学会冲动控制(Impulse Control),防止形成盲目决定和贸然行事的习惯。

当然，控制情绪冲动并不意味着遇事不敢做决定，也不等于在做事时完全压抑自己的信心和直觉，切记不要把冲动和勇敢混淆了。情绪冲动是不计后果地草率行事，而勇敢和果断是在已经清楚知道存在困难的前提下，仍然满怀信心、大胆地做出选择，坚定和努力地去解决所遇到的问题。我们要训练自己具备冷静判断和自我控制的能力，同时也要培养自己具有敢于决定和克服困难的精神。

2. 大发脾气，无法控制

情绪冲动的第二类表现是，在遇到让自己不如意、不顺心的事情时，控制不住自己的情绪，以极其错误的方式发泄自己心中的不满和愤怒。归纳起来，主要有以下三种表现。

（1）随意发作。情绪控制能力弱的人，很容易发脾气。无论对家人还是对其他人，他们都缺乏耐心，动不动就耍脾气。我们常常可以看到这样的人，在前一分钟还好好的，而后一分钟就会大发雷霆。在发脾气时，他们会大喊大叫，不停地哭闹，摔自己和他人的东西，甚至做出连自己都难以置信的极不理智的事情。

（2）辱骂他人。在面对使自己气愤的事情时，一些情绪控制能力差的人会有更加过分的表现，其中一种就是辱骂别人。这是一种极端错误和低俗的做法，不但显示出自己的情绪已经失控，而且反映出自己的道德水准很低。不管遇到多么使人生气的人和事，都不能失去自己的尊严，更不能出口侮辱和谩骂他人。我们有时在公共场合就能看到一些人因为一点点小事而吵架，彼此肆无忌惮地破口大骂。他们用这样的方式来发泄气愤，不但不能解决矛盾，反而会使局面愈加恶化。

（3）动手伤人。有些人在处于极度气愤的状态时，情绪冲动会使他们毫无顾忌地出手打人。这是一种极其野蛮的行为，会对他人产生很大的伤害。我们知道，许多伤人或杀人的案件，都是由于情绪过于激动和失去控制所致。许多动手伤人的人，起初并没有蓄意那样做，完全是因为情绪已经不被自己所掌控。如果他们能够及时控制住自己的情绪，预先想到其过激行为将会产生的可怕后果，就会在很大程度上避免悲剧的发生。

3. 伤害自己，自暴自弃

情绪冲动的第三类表现是，对自己施加不同程度的伤害。在所有情绪冲动的表现中，使人最难以理解的现象是伤害自己。一些人在感到愤怒或失望时，就对着自己发泄全部的气愤或沮丧的情绪。例如，当一个女孩的男友离她而去的时候，由于无法应对极度伤心和自卑的情绪，便做出残害自己的事情，用刀割破自己的手腕，让鲜血流尽而死。的确，失恋无疑是一种很大的精神打击，但如果女孩具备较强的冲动控制能力，努力用其他方法来转移注意力和缓解痛苦，就能够避免自残行为的发生，使自己慢慢从绝望中走出来。无论我们遇到什么事情，即便已经到了非常糟糕的地步，使人难以接受和面对，也一定要管理和控制好自己的情绪，绝对不做伤害自己的傻事。

二、情绪冲动的主要危害

通过学习上面的内容，读者对情绪冲动的常见表现有了比较全面的了解，对于预防有害的冲动行为打下了一个认识基础。为使读者更加深入地认清情绪冲动的负面影响，充分预知可能的后果，我们在此对情绪冲动带来的主要危害作一剖析。

1. 造成精神痛苦

我们都会有这样的体验，每次因为某件事情发火之后，心里都要难受好一阵子，而且情绪冲动越厉害，恢复起来就越困难。本来人与人之间的许多矛盾并没有多么严重，只要妥善处理就会解决好，但如果当事人控制不住情绪而大发脾气的话，就会使事情变得严重起来，各自的心里将会产生更为对立的情绪。

享誉世界的英国作家约瑟夫·康拉德曾说过一句话："其实，冲动的人都是绝望的人。"这句话足以能够反映情绪发作时人的心理感受，其感觉是痛苦的、无助的。人在情绪过分冲动的时候，头脑的作用被压抑，不能进行冷静的分析和清楚的辩说，所以就会感到有理说不清，心里头憋得慌。情绪冲动往往是在没有足够能力解决问题的情况下发生的，常常带来极其不好的结果，因此一定伴有焦躁、难受和痛苦的感觉。美国情商研究专家玛希雅·休斯和詹姆斯·特勒尔作过这样的论断："欠缺冲动控制能力是造成人类众多不幸和痛苦的根源。"所以，我们要努力培养自己的冲动控制能力，在遇到不如意的事情时能够让心情保持平静，以积极的方式去思考、表达、商讨和解决，而不是毫无理智地发脾气、动肝火。只要我们有能力控制情绪冲动，就可以把这个痛苦的诱因消灭在萌芽之中。

2. 破坏人际关系

无论什么人，都喜欢与善解人意和性情温和的人在一起，讨厌那些动不动就发脾气和耍性子的人。在工作环境中，容易情绪冲动的人往往会把身边的人吓跑，人际交往的状况非常差。而那些尊重别人、乐于同别人分享和讨论的人，会赢得身边人的喜欢和敬佩。道理很简单，当一个人处于情绪冲动状态时，所说的话语和所做的事情都可能不在理上，也缺乏应有的逻辑，这当然不会受到别人的肯定和赞同。另外，人在情绪冲动的时候，很难顾及别人的想法和感受，会表现出对别人的藐视、中伤，甚至诽谤，其结果必然刺伤他人的自尊心，严重的时候还会侮辱到他人的人格。可想而知，谁都会厌烦这种容易冲动、不尊重别人的人，与这样的人在一起，会使人感到很压抑，非常不开心。

在家庭环境中也是一样，如果一个人总是情绪冲动，经常和家里人发脾气，必然会破坏家庭的祥和氛围和凝聚力。不管是配偶还是子女，都必定不愿意同一个爱发火的人生活在一起。在一个家庭中，如果长期吵架不停，成员之间的亲密感情就会被冷漠、对立或敌视的情绪所取代，温暖和幸福将不复存在。我们经常看到这样的事例，因为家中频繁发生争吵，使家庭成员的关系变得非常紧张，甚至达到家庭破裂的程度。所以，为了防止家中产生不应有的矛盾，营造出温馨的家庭环境，每个人都要学习用恰当的方式进行交流和沟通，对家人永远要保持尊重与和蔼的态度，绝不能因为彼此是亲人，就随意放纵自己的负面情绪。

下面是美国情商研究专家史蒂文·斯坦和霍华德·布克描述的一个真实案例。

案例 12-1

有一位企业领导，声称自己一直是一个非常愿意冲动的人。他认为，如果没有冲动，自己就会畏缩不前，企业也不会取得今天这样的业绩。这位管理者深深地相信，冲动和果断是他安身立命的法宝，也是企业成功的重要原因。然而，当有人问他是否曾经因为冲动而丢了生意的时候，他的回答是，"当然有这样的情况"。

事实上，这位企业领导在人际交往方面也表现出了情绪冲动和缺乏耐心的特征。在他的婚姻经历中，已经结过三次婚，一共有了四个孩子。这说明他的爱情生活是一波三折，非常不顺利。在工作中与人相处方面，他也是个很爱冲动的人。他每天早上一到公司就开始教训每一个看到的人，要求员工加快工作速度。他的这种做法，使员工们不仅感到不安，也非常反感，还没有开始工作就已经垂头丧气了，很难适应这种工作氛围。所有的员工都不喜欢他，只是不得不与他一起工作。而这位企业领导并不在乎员工们对自己的态度，情绪冲动和一意孤行已经成了他的风格和习惯。目前，只有一位助手能够容忍他的情绪冲动，用她的耐心、镇定、深思熟虑和卓越的交际能力将整个公司凝聚在一起。

从这个企业领导对自己的认识来看，他并没有觉得容易情绪冲动是一个严重的缺点，反倒认为冲动是自己的长处。他的这种观点是非常有害的，会给他的工作继续造成损失。虽然他所经营的企业目前还在运转，但员工们早已不喜欢他，基本上处于口服心不服的状态。尽管他的助手表面上还很顺从，听从他的指挥，一直极力地维护着领导的权威和公司的利益，但实际上也并不愿意为这样的领导工作。她承担着非常沉重的压力，真不知道还能坚持多久。从目前情况来推测，如果这个领导不改正爱冲动的毛病，公司的前景是令人担忧的。当然，倘若他能让自己不再那么冲动，努力提高冲动控制能力，并且真正尊重和依靠所有的员工，用关怀与信任的态度与下属交流，还是能够逐步建立起个人威信的，最终获得所有员工的拥护，从而使整个公司朝着良好的方向发展。

3. 损害身体健康

人的心和身构成了生命的整体，两者之间相互影响和相互作用，决定一个人的生活状态。这里所说的"心"指的是心情，包括情感和情绪。情绪的好坏直接影响到身体的健康。心理医学认为，频繁和过分的情绪冲动，对于一个人的身体健康危害极大。人在冲动和发怒时，会出现精神和心理的过度紧张，造成心脏、胃肠以及内分泌系统的功能失常，时间长了必然会形成多种疾病。例如，心脏病多发于大起大落的情绪波动中，偏头疼多数偏爱固执好斗或爱嫉妒的人，癌症和高血压与长期情绪不稳定有着密切的关系。我们在各种影视片中，经常看到这样的镜头：主人公因受到意外刺激而情绪冲动，心脏病突然发作，当场晕倒，立即被人送到医院急救。在现实生活中，许多人也由于好冲动、易发怒，最终导致神经衰弱，睡不好觉，吃不好饭，弄得满身病痛。

我国自古就有喜伤心、怒伤肝、思伤脾、忧伤肺、恐伤肾之说。情绪激动除了能使心脏跳动加快以外，还能使脑部血管收缩，血流迅速加快。如果原来就有脑动脉粥样硬化的病症，这些改变很容易使血管口径缩小甚至闭合而引起爆裂。而血管皮下胶原的暴露又会激活凝血系统，导致血栓的形成而造成脑梗。另外，从大量的临床病例来看，情绪异常冲动还会引起肝病和肺病的发生。老百姓常说的"气炸了肺"，所要表达的就是这个意思。

4. 阻碍个人成功

人在情绪非常冲动的时候，无法进行正常的思维活动，对事物的分析和判别能力迅速下降，很容易做出错误的决定。由于在一些关键时刻不能控制住情绪，人往往还会办错事情，失去许多重要的机会。有些由于情绪冲动所造成的损失是可以弥补的，而有些是永远不可挽回的。例如，由于一时不能承受压力，就冲动地放弃了很适合自己并且颇有前景的工作；因为在学业上遇到了一定的困难，就怨恨自己选错了专业，不再努力学习；在实现个人理想的过程中，由于遇到较大的障碍和阻力，就气急败坏，灰心丧气，从此消沉下去，不思进取。这些一时的冲动，往往是不理智、没有自控力的表现，给个人的发展造成了不应有的损失。那些一遇到挫折就情绪爆发的人，都不会在事业上品尝到成功的滋味，因为成功的取得一定来自于坚强的忍耐和持续不断的努力。只有那些在承受压力的时候仍然能够保持冷静与平和的人，才能获得人生的成功。他们具有高情商，能够化干戈为玉帛，在各种考验面前沉着应对，采取最有利的方式解决问题，最终渡过难关。

三、冲动控制能力的行为表征

我们已经知道，不当的情绪冲动会影响一个人的精神状态、人际关系、

身体健康和个人成就,没有正确的情绪控制,就没有好的生命状态。所以,具备较强的冲动控制能力,是我们赢得美好生活的前提,应当成为个人努力的目标。下面让我们来列举冲动控制能力的行为表征,以便使读者能够以此相对照,找出自己的优势和差距,明确日后应当努力的方向。

1. 冷静思考

冲动控制能力强的人,有一个共同的特点,那就是在遇到特别不顺心意的事情时,不会惊慌失措,不是"见火就着",而是能够保持一种镇静的状态,给自己留有足够的时间,再做出恰当的反应。经过一段时间的考虑之后,他们会胸有成竹,有智慧地面对不利局面。三思而后行是管理各种情绪冲动和面对挫折的重要策略之一,如果做到了这一点,就能避免许多错误和失败,使自己的人生道路更为顺畅。

2. 抗拒诱惑

我们身处错综复杂的社会里,每天都能遇到令人眼花缭乱的新奇事物,使我们面临许多难以抵御的诱惑。在生活中,诱惑是多种多样的,有金钱的、权利的、荣誉的、名利的、性欲的,等等。如果不能控制住带有不正当欲望的情绪,就会被这些诱惑所俘虏。人往往显现一种弱点,当碰到一个千载难逢的"机会"时,会不惜一切代价去抓住它。因此,人就很容易失去理智的制约,让情绪随着自己的欲望放纵起来。如果人在诱惑面前,把握不住"冲动之门",不良的情绪就会如潮水涌出,导致各种不恰当的行为,造成许多不应有的后果,甚至付出沉重的代价。而冲动控制能力强的人,不仅可以识别诱惑,而且能够战胜诱惑。在诱惑到来的时候,他们能够稳如泰山,关紧不良欲望的闸门,让情绪在理智的管控之中。

3. 延迟行动

冲动控制能力强的人,遇事都很沉稳,一般不急速行动,有时似乎让人看着很着急。其实,认真分析起来,他们的过人之处就在于此。他们看起来不是那样雷厉风行,总是在行动上表现得有些缓慢,但事实上正在做着关乎行动的分析与判断。他们要对事情权衡利弊,做出"风险评估",找到做事的最佳方案。这种审时度势,计划在前、行动在后的做事逻辑,使他们取得成功的概率比一般人大得多。

美国杜克大学心理学家泰瑞·莫菲特作为自控力研究项目的主持人之一，做出了一个重要的结论：自我控制能力是一项非常重要的情商技能，它能让人情绪稳定，全面分析和评估自身所处的环境，设想未来的各种可能性，计划好想要达到的目标，为可能发生在自己身上的事情做好充分的准备。每个人在日常生活中都需要应用这种能力，只是有些人比其他人更擅长使用它，具有更加有效的自我管理和自我控制策略，从而使他们的生活更顺利、事业更成功。下面是近年一项关于自控力研究的结果，对我们认识冲动控制能力的重要性很有帮助。

案例 12-2

研究者在新西兰选取了1000名儿童，从3岁开始追踪他们的发展状况，直到32岁。被选儿童从3岁开始就参与一些自控力实验。在30年的实验过程中，研究者采用生活观察、自述报告、家长报告和教师报告等方法，记录了研究样本从儿童、青少年直到成人时期的详细情况。这项研究得到的结论是，自控力差的孩子在健康、理财和犯罪等方面，出现问题的概率是其他人的三倍。研究数据显示：在自控力强的孩子中只有13%在32岁之前被定罪，而在自控力差的孩子中这方面的比率超过了40%；在自控力强的孩子中有11%出现健康问题，而在自制力差的孩子中有27%出现类似的问题。研究还发现，自控力差的孩子在青少年时期就有了出现严重问题的征兆，并且显示出不断增加的趋势。例如，自控力差的孩子更容易从15岁就开始吸烟、退学或成为年轻父母。

从上述的研究结果可以看出，自我控制能力对于一个人的健康成长具有非常重要的作用。尤其对于儿童和青少年，自我控制能力在很大程度上决定了他们将成为一个什么样的人。这个事实提醒我们，当今对于儿童和青少年的教育，一定要把冲动控制能力的培养作为一项重要内容。即便已经是成年人，也应时时注意提高冲动控制能力，使自己在各种困难、挫折以及诱惑面前，能够很好地管理情绪和把握自己。

4. 驾驭冲动

对于具有较强冲动控制能力的人来说，虽然冲动也可能发生在他们的身

上,但与其他自控力较差的人相比,会有明显不同的表现。在情绪冲动将要发生或刚刚出现的时刻,他们会马上意识到自己的情绪状态,并且能够尽快让自己平静下来,不被激动的情绪所驱使。由于他们能够及时察觉自己的情绪,正确和适时地掌控情绪,所以基本没有负面冲动的发生,总能使自己处在良好的情绪状态之中。

四、冲动控制的训练方法

在思想上,几乎人人都能认识到情绪冲动的危害,谁都不想成为一个不能控制情绪的人,因为冲动将给人带来许多难以估量的损失。正如英国哲学家弗朗西斯·培根所说:"冲动,就像地雷,碰到任何东西都一同毁灭。"这就需要培养能够战胜冲动的良好的心理品质与行为习惯,才能真正防止负面的情绪冲动发生在自己身上。自控力不是与生俱来的,要经过一定的训练才能真正形成。对于自控力的培养,国内外的研究者已经开展了大量、有价值的探索,取得了许多重要的成果。为使读者能够较快地提高自我控制能力,我们从已有的学术研究成果和成功的实践经验中归纳出了以下训练方法,以供参考和运用。

1. 找准目标,重点训练

虽然一个人的冲动控制能力会影响到生活的各个方面,但总有一些方面受到的影响要大于其他方面。例如,一位男士在人际交往方面很容易冲动,一旦不顺自己的心意就大发脾气,而在遇到工作中的技术性难题时,虽然也会有不良的情绪反应,但表现的程度没有那么严重。对于这种情况,他就应该在与人交往的过程中有意识地察觉自己的情绪状态,不时地告诫自己一定要注意控制情绪。而且,他还应主动地与那些持有不同意见或自己不喜欢的人交往,让自己在交流中慢慢地适应,调节好情绪,不断提高与各种不同的人进行交往的能力。美国著名作家马克·吐温对于培养自控力曾提出过这样的建议:"关键在于每天去做一点自己心里并不愿意做的事情,这样,你便不会为那些真正需要你完成的义务而感到痛苦,这就是养成自觉习惯的黄金定律。"如果那位男士能坚持这样做,与人交流时冲动控制能力差的弱点就能得到较大的改观,直至成为一个能够与人很好交往的人。

要想有效培养冲动控制能力，人应当先对自己做一番剖析，找到容易发生情绪冲动的"着火点"以及不恰当的行为表现，然后加强有针对性的预防，并通过在真实情景中的不断训练，来进行冲动言语和行为的矫正。总之，在进行冲动控制能力培养的过程中，及时选定准确的目标来加强重点训练，是取得良好效果的一个非常重要的策略。

2. 强化认知，理性控制

美国心理学家凯利·麦格尼格尔认为，人虽然只有一个大脑，但里面却有两个自我：一个自我任意妄为、及时行乐，另一个自我则控制冲动、深谋远虑，因此，自我控制的博弈就在两个自我之间发生了。按照这个观点，你便很容易理解人会有情绪冲动的原因了，即情绪的自我战胜了理智的自我。所以，要避免情绪冲动，就必须努力加强理性自我的建设，提升情绪控制的认知水平。你不但要及时察觉自己的情绪状态，还要深刻认识情绪冲动的危害，更要知道在冲动即将发生或已经发生时应该如何减轻和控制。有了这个认知基础，并且用于指导具体的生活实践，你便能逐步提高运用理性力量来克服情绪冲动的能力，最终成为能够依靠清醒的意识和冷静的思考来掌控自己的人。

3. 陶冶性情，全面修炼

实际上，一个人是否容易情绪冲动，与他的品格修养是有直接关系的。如果你想要在各种不尽如人意的事情面前，达到遇事不惊并且能够沉着应对的程度，必须让自己有一个宽广的胸怀和良好的性格。因此，你需要通过多种方式加强个人品性的修炼，培养自己的兴趣与爱好，如书法、绘画、音乐、阅读、运动等。通过从事这些活动，你可以让自己的心情舒缓和愉悦，使性格变得温和与乐观，即便碰到很不顺心的事情，你也能做到泰然处之、从容面对。

4. 采取对策，及时制止

任何人都难免有情绪冲动的时候，如果程度不严重，时间也不长，很快就会恢复到正常的情绪状态。但是，如果情绪冲动的毛病一直不能减轻，影响到正常的工作和生活，便需要及时采取方法进行缓解和制止。你可以使用以下几种有效的方法：①自我暗示——在遇到不快乐的事情时立即告诫自己，"这件事情没有那么重要""一定不能发脾气"等；②转移注意——让自己的思想和情绪从生气的事件转移到其他愉悦的事情上，或者让自己进入到另外一个环境中，待情绪稳定后再回来处理；③身体调解——做冥想、深呼吸和数数字，帮助自己从体内释放出怒气，也可以从事一些户外或体育活动，以尽快放松自己的心情，缓解紧张和冲动的情绪；④适当发泄——找到合适的人，倾诉自己心中的不快，也可以将心里的不解、烦躁或愤怒写在纸上，帮助自己彻底宣泄不良的情绪。

总之，你要高度重视情绪冲动问题，积极使用恰当的方法和技巧，进行有效的预防和控制。管理情绪不是一项容易和简单的任务，只有通过长时间、坚持不懈的实践和磨炼，才能真正具备管理和掌控情绪的能力。

▶ 课后自我训练 ◀

♥ 你需要认真、仔细地检查一下自己，以往对哪些事情有过负面的情绪冲动，并且分析哪些情绪冲动是比较严重的，哪些是轻微的？

♥ 对于本节课所分析的情绪冲动所导致的诸多危害，你是否有过亲身体验？对你造成了什么影响？从中获得了哪些教训？

♥ 依据本节课所列举的冲动控制能力的主要表现，对照你的日常行为，给自己的情绪控制能力做一个整体评价，也做一个分项检查，然后确定应当发扬或改进之处。

♥ 在你可能爆发冲动的任何时候，采用"10秒法则"，即等待10秒钟之后再做回应，并且在事后总结一下效果，回味自己的真实感受。

♥ 在今后的生活中，你可以运用本节课提供的各种策略和方法，进行全方位的自我训练，来预防、控制或缓解情绪冲动，使自己不断地提高冲动控制能力。

第十三课 灵活性

学完本节课，应努力做到：
- 认识灵活性的重要作用；
- 了解灵活性的含义及典型表现；
- 区分易与灵活性相混淆的相关概念；
- 掌握灵活性的培养与训练方法。

我们生活在变化万千的时代，每一天都有数不清的变化发生在我们身边。面对变化越来越快的世界，能否敏锐地察觉到，并且做出适时和恰当的反应，将决定我们能否适应所处的环境，能否将工作和生活调整到最佳状态。一个人能适应环境的变化，主要是因为具备了灵活性（Flexibility）。灵活性是一种非常重要的情商能力，不仅关系到人的生存状况，而且影响着各方面的成功。有了灵活性，人就有了不断改变自我的能力，便可以在不断发展与变化的社会中，及时审视自己的方向，采取必要的行动，抓住属于自己的有利时机。反之，如果对于周围环境的变化反应迟钝，而且思维僵化和固执，不愿做出应有的改变，就会被迅速发展的时代所淘汰。正因为灵活性对于每个人如此重要，我们在这一课来专门探讨灵活性的问题。

一、灵活性的重要作用

当今社会的发展速度比历史上任何一个时期都快。在这种时代背景下，人的灵活应变能力就显得尤为重要。享誉世界的英国生物学家查尔斯·达尔

文曾说过:"(在剧烈变化的环境中)最终存活下来的,既不是那些最强壮的,也不是那些最聪明的,而是那些对变化做出快速反应的物种。"世界上的生物体要想存活,尚且需要快速适应变化,对于面临自然世界和人际世界双重变化的人来说,更需要不断调整和改变自己的思想与行为。人只有不断地适应所在的环境,才有可能战胜各种不利因素,在保证基本生存的前提下,使生活更美好,学业、事业更顺利。

面对时刻变化的环境,每个人都要有愿意适应和改变自我的心态,同时还要有做出改变的实际行动。美国著名畅销书作家盖尔·希伊指出:"如果我们不改变,我们就不会成长。如果我们不成长,我们就没有真正活着。"愿意改变和具有灵活性的心理特质是非常重要的,反映出一个人对于生活的积极态度,也体现了生命的正能量。具有高情商的人,期待和欢迎改变,认为自己能够驾驭变化,相信自己可以在变化中获益。虽然他们也能感觉到变化过程中的困难,但总是会把注意力集中在积极的改变上。正因为他们具有很强的灵活性,所以每当遇到挑战的时候,都能聪明和勇敢地面对,直至取得最后的胜利。

然而,面对变幻莫测的环境和形势,灵活性较差的人有着截然不同的反应。他们表现出对于变化的惧怕,认为变化意味着自己的处境将变得糟糕,希望变化的速度减缓或停止,并且总是力图躲避所面临的变化。例如,工作中增添了以往从未遇到的新任务,需要与一位新来的领导沟通,自己的下属变成了另外一群人,等等,都会使灵活性较差的人觉得难以适应,不能大胆、愉快地接受所发生的变化。由于恐惧和抵触心理的作用,他们适应新形势的能力变得越来越弱。无数事实表明,不愿意做出改变和没有能力做出改变的人,由于他们拘泥于旧思想和老习惯,并且低估自己学习和应对新事物的能力,最终注定在生活和工作中遭到失败。

毋庸置疑,未来总是属于那些具有灵活应变能力的人,因为他们具备了驾驭客观环境的胆量、勇气和智慧。这样的人有着很大的心灵自由度,生命充满无限的活力,具有广阔的发展和创造空间,生活和工作的状态会时时更新。在他们看来,变化是令人鼓舞的,是激励人心的,能够推动自己改变那些不利因素,使个人的处境变得更好。他们始终保有乐观主义精神,思想富有创意,敢于面对新环境、解决新问题。生理心理学家发现,积极思考可以使人更多分泌一种叫作"脱氢表雄酮"(DHEA)的生理活性物质,对保持人的正常体能和性机能、延长人的生理和心理寿命等具有重要的作用。总之，由积极思考和有效应对而构成的灵活性，是人达到良好生活状态的必备心理品质，更是获得人生成功的重要情商能力。

灵活性不仅对于个人的成功非常重要，而且对于一个集体的发展也是必不可少的。欧洲工商管理学院（INSEAD）的全球技术与创新学教授伊夫·东斯与诺基亚前高级主管米克·科索宁在合著的新书《速胜战略：策略灵活性助你一路领先》中，郑重提出并介绍了一个观点：要确保企业总是早着先鞭，具有长久的竞争优势，并捕捉到一切可能的商机，就要最大程度地发挥企业的策略灵活性。科索宁说，他在诺基亚担任策略主管和首席信息执行官的几年间，认识到策略灵活性的两个层面。其一是"策略敏感度"，也就是公司以何种目光看待世界，是否有开放的胸怀，是否足够机敏去感知新商机和没落商机。其二是"资源调配灵活性"，这涉及公司是否可以快速因应时势重新调配资源，在复杂而剧变的市场环境中开拓新商机。他还说："我亲身经历了诺基亚作为一家领先企业，在取得成功的同时，逐渐失去它的一些策略敏感度和资源调配灵活性。在20世纪90年代初期，诺基亚正是凭借其突出的策略灵活性，战胜了最强劲的竞争对手爱立信及摩托罗拉，成为全球手机领域当仁不让的龙头老大。但是在接下来的几年里，我们的策略敏感度和资源可动性都开始走下坡。"在由此展开的研究中，一项主要的发现是，企业要想取得长足发展，灵活性是必不可少的一大要素。这包括企业思维和组织进程两个方面的灵活性。而要想达到这两个方面的灵活性，就必须以专门的领导技能作为依托，展现灵活认知力、持久敏感度以及不断质疑的精神，这对企业领导者来说都是至关重要的。

二、灵活性的含义及其具体表现

所谓灵活性，是指人在应对不熟悉、无法预知和不断变化的环境时，所需要的调整自己的情绪、观点和行为的全部能力。我们也可以这样简明地定义灵活性，它是能够让自己重新解读让人担忧或惊恐的意外情况的能力。

为了形象地解释灵活性的含义，美国情商研究专家休斯和特勒尔将灵活性强的人比做柳树。在狂风大作的天气中，大风将其他树的树枝从粗壮的树干上刮掉，而柳树枝却能在坚固树干的支撑下，随风大幅地摇摆而不被折断。像柳树枝一样灵活的人，有着很强的韧性，在突然变化的情况下，能够立即顺势而为，做出及时的改变和采取最恰当的对策。为使读者能够更加深刻地理解灵活性的含义，我们在下面详细列举出它的典型表现。

1. 敏锐感知环境

灵活性强的人，对所处的环境具有灵敏的察觉力，能够及时看到身边所发生的事情。由于对自己的处境一直保持着警觉，他们能够很快地发现新现象，并且可以分辨出哪些是有利的，哪些是不利的。这种对于周围环境的准确分析和把握，为下一步做出适当的反应，打下了良好的基础。然而，灵活性较差的人，对于环境的感知却是比较迟钝的，不能及时发现和接受身边发生的变化。所以，对于不断改变的客观环境，他们适应起来就很困难，往往跟不上形势的发展。

2. 积极应对变化

除了对于环境的敏锐感知以外，灵活性强的人还能对身边发生的变化做出主动、快速的反应。这是他们的最突出的特点。在准确判断所处环境改变的基础上，他们将灵活地应对自己需要承担的角色，努力采取相应的对策，解决面临的新问题和新困难。在面对新情况时，他们大胆地放飞自己的思维，从不同的角度分析和看待问题，使用未曾用过的方法去尝试解决，表现出很强的应变能力。一些情商研究者把这样的心理品质和行为特征称作"适应性""可变性"或"顺应力"，以表征"能够随时做出相应改变"的情商能力。

下面是比尔·盖茨对于微软公司的发展果断做出决定的事例，从中我们可以看到灵活性的重要作用。

案例 13-1

20世纪90年代初期，虽然微软公司在研究互联网的潜力方面花费了几百万美元，但比尔·盖茨并不对互联网抱有很大的商业期望，没有给予足够的重视。他认为，互联网最佳的商业用途是视频点播（当时已经有了有线电视和卫星电视），到2010年的时候才能有足够的宽带支持。

然而，随着美国其他计算机公司发明的新兴互联网技术的出现，微软公司在计算机行业的霸主地位受到了威胁。面对这种局面，比尔·盖茨并没有像许多老派的商业巨头那样，怕丢失自己的面子和尊严而固执地坚持原来的做法，而是立即意识到局势的严峻，对公司的发展方向做了果敢的调整。他将数亿美元的微软公司调转了船头，全力以赴地投入互联网发展的大潮当中。由公司设计的 Microsoft Explorer，最终成为全球应用最广泛的互联网浏览器。到了 1996 年，微软公司按照盖茨的说法，"全心全意地拥抱了互联网"。

我们从案例 13-1 看到，比尔·盖茨作为卓越的商业领导人，并没有凭着自己的资格和经验，死板地坚持自己起初的经营思路，而是面对新形势做出了与以往决策相悖的快速反应。他能够审时度势、当机立断、调整发展方向，使微软公司重新回到商业领先的地位。在危机与挑战面前，比尔·盖茨看重的是公司的机遇和未来，关注的是如何取得更大的成功。他没有固守自己已经取得的成就，更没有在意别人可能会因为微软改变了商业立场而看低自己。在进行决策时，他把使命放在第一位，抛开了自己的过去和别人的看法，勇敢地面对现实，选择了一条使微软公司更加强盛的道路。比尔·盖茨这样力挽狂澜地做决定，清晰地反映出一个顶级企业家能够在关键时刻灵活应变的人格特质。

3. 协调各种事物

人若具备了灵活性，就有了在一个时段内处理不同事物的能力和方法。由于思维是宽阔和灵活的，不是僵化地停留在某一个事件上，所以，在生活和工作中，应变性强的人可以同时照顾很多方面，协调好各种事情。当遇到新的变化和不同的要求时，他们能够快速地做出反应，合理地安排好做事的顺序，表现得游刃有余。而灵活性不强的人，在遇到变化快、任务多的情况时，就会出现措手不及的忙乱现象。在新的、复杂的形势面前，他们经常显得难以应对，很多时候还会感到力不从心。

4. 包容不同观点

缺乏灵活性的人，都会表现出思维狭窄、性格古板的特征，与人交往时很难接受不同的观点。他们往往认为只有自己的做法是正确的，不能理解其

他人的行为方式。而灵活性强的人，却表现得大相径庭。他们具有非常开放的心态，愿意了解他人的看法，也能够包容来自不同人群的观点、信仰、价值观和行为习惯。在生活和工作的过程中，他们从不因循守旧，也不故步自封，对于新的事物总是抱有探究的态度。因为他们能从非常宽广的视角看待这个世界，所以他们的心胸是开阔的，性格是开朗的，当然，情绪也常常是积极和乐观的。

5. 具有创新意识

创新是这个时代的主旋律，也是对每个人的要求。人只有具备了创新能力，才能在不断变化的环境中，有效地解决层出不穷的新问题，使自己永远立于不败之地。拥有灵活性的人，恰恰具备了创新的人格品质，喜欢从新的角度来看待事物和完成任务，而不是墨守成规。在他们看来，任何事物都是有多种可能性的，采取不同于常规的方法，很可能是解决问题时应当使用的策略。当一一分析那些取得了骄人业绩的成功人士时，我们很容易发现，他们不仅是创新意识和创新能力很强的人，而且也是非常灵活的人，不会让导致成功的机会从自己的手中悄然溜走。

6. 及时改正错误

灵活性强的人对自己的想法和行为持有客观的态度，不会认为自己永远是对的。在自己的行为出现错误的时候，他们能勇敢地承认自己的过失，并且愿意立即做出改正。对于自己所犯的错误，他们不会持否认或回避的态度，能够虚心接受别人的批评、意见和建议，及时查找自己的问题和不足，争取尽快地加以修正。而那些灵活性较差的人，却常常拒不承认自己的错误。对于这种表现，我们可以分析出一些原因：例如，害怕在他人面前丢面子（尤其是那些担任领导职务的人），担心降低个人的威信，惧怕别人认为自己没能力以至于失去一些好机会，担忧受到他人的指责等。这些不正确的想法，往往会降低灵活性，阻碍必要甚至重要的改变，最终必然影响到一个人乃至企业的发展与成功。

三、灵活性辨析

在阐述了灵活性的重要性和实际表现之后，我们需要澄清几个关于灵活性的模糊认识。这将有利于读者更加准确地把握灵活性的含义，在生活中正确地培养和运用它。

1. 灵活不同于失去原则和底线

如果不加以认真辨别，人们很容易把具有灵活性的人看成是"墙头草，随风倒"，认为他们只会见风使舵，没有自己的主见和立场。其实，这种认识是把具有灵活性的人与毫无原则的人混为一谈。灵活性是指面对新的环境和形势，运用全面的分析和创新的方式，做出最恰当的反应。在回应变化的过程中，虽然灵活性强的人会去"顺应"新的情况，但在处理新问题时不会失去自己的基本立场，只是在思考的角度和选择的方法上给自己更大的空间，使问题得到更好的解决。情商高的人，一定是在尊重自己的核心价值观的基础上来发挥灵活性的，他们不会为了躲避风险和责任而失去道德与伦理的底线，也不会因为某种暂时的利益丧失自己的人格和尊严。如果一个人不坚持原则地表现灵活，其结果只能是失去他人的信任，降低自己在人们心目中的威信，甚至使事业遭受巨大的损失。

2. 灵活不同于做事冲动

有人认为灵活性是在遇到新情况和新问题时，没有充分根据地随意行事，冲动地做出决定，无目的地尝试各种方法。这种想法也是不正确的，误解了灵活性的真实含义。只有容易冲动的人，才会感情用事、做事武断，不经过充分的思考，不愿意花费精力去探究，不能以新的更有效的方式解决问题。这种应对变化的态度和方式，与灵活性的表现恰恰相反。

3. 灵活不是缺乏自信

具有灵活性的人，在遇到新情况时，不会马上决定采用什么方法，他们首先会做认真的分析。这种外在表现常常使他们被误认为"缺乏自信"，没有自己的想法，令人不相信他们有能力解决新的问题。其实不然，他们不轻易做决定，不是不相信自己，而是在考证多种方法，以便做出更好的选择。他们是在依靠自己的思考，通过逻辑判断来证明其决定是正确的。在对多种可能性加以分析的过程中，他们不会改变自己的立场，非常清楚自己在寻求什么样的结果。即便他们有时会调整个人的看法和决定，也不是不自信，而是为了更好地适应新的情况。然而，不自信的人在遇到环境改变时，没有自己的主见，也不能坚持自己的立场，更不能对自己的决定做出多方面的检验。在遇到新的困难和挑战时，他们总是表现出害怕的情绪，只会一味地屈服于压力，不能找到解决困境的办法。自信与灵活性的关系很特别，如果人的自信过度，就会不灵活，因为过于固执己见，只能做出自认为正确的死板的决定；倘若自信心不足，也一定不灵活，因为心中没有做出判断的勇气，不知道如何选择，只能逆来顺受。所以，只有自信适度的人，灵活性才会很强，才能在各种复杂的处境中靠着自己的力量，找到解决问题的方向与方法，走出一条成功之路。

四、灵活性的培养与训练方法

通过前面的介绍，你应该感悟到了，灵活性的确是一种非常重要的情商能力，无论对于个人生活，还是对于工作，都会产生巨大的影响。不过，你也许会问，"自己已经是个成年人，还能提高这种情商能力吗？"答案是肯定的。无论处于多大年纪，灵活性是能够通过个人的努力不断增强的。也就是说，在生活实践中，我们完全可以培养自己的灵活性，只要自觉、努力地坚持训练，一定能收到很好的效果。下面我们将介绍一些实用的培养与训练方法，探讨如何能够较快地提高灵活性。

1. 细心观察环境

我们所处的环境是多变的、复杂的，许多时候变化的速度出人预料。对于多变的世界，我们只有时刻保持警觉，跟上发展的速度，才不会感觉到陌生。在很多情况下，人们对于新问题的出现表现得无从下手，没有适当的解决办法，就是因为对事情的来龙去脉不了解，没有掌握足够的信息。但如果我们能够一直密切地观察环境，随时关注身边的新情况，就会有许多线索作为解决问题的依据，便能灵活地处理复杂的事物。这里的"观"，指的是用感官来收集大量的信息，通过眼睛和耳朵去了解周围的环境；而"察"指的是用头脑来分析和综合得到的信息，获得对于客观世界的一个完整和正确的认识。有了这个认识，我们就可以做出相应的判断和决定了。倘若没有通过观察获得的丰富的信息，我们是无法发挥灵活性的，也根本不可能做到灵活应变。很多事实告诉我们，那些灵活性差的人，都是对生活缺乏观察的人。他们对周围发生的事情很麻木，头脑中几乎只有自己的固有认识，所以遇到新的现象时就很难接受和无法理解，更谈不上去灵活应对。因此，要想灵活地适应变幻莫测的环境，首先必须养成悉心观察环境的习惯。

2. 换个角度看问题

心理学中有一个叫作思维定势（Thinking Set）的概念，也称为惯性思维，是由先前活动与经验造成的一种对当下活动的心理准备状态或活动的倾向性。在环境不变的条件下，思维定势能使人应用已掌握的方法迅速解决问题。但是，当情境发生变化时，它则会妨碍人采用新的方法，消极的思维定势是束缚创造性思维的枷锁。一般来讲，人都有一定程度的思维定势，容易从一个固定的角度来看待事物，这是影响人发挥灵活性的主要障碍。由于先前看法或观念的桎梏，人很难从多个角度去分析和解决新的问题，往往会在新情况面前表现得死板和僵化，失去灵活性。因此，要想让自己在新形势来临的时候具备灵活应变的能力，需要在平时就培养一种辩证思维，即从不同的角度去看事物的好坏、优劣，这样，就会在处理问题时变得灵活了。

3. 消除惧怕心理

人在处理问题时缺少灵活性，不敢尝试多种可能的方法，一个主要的原因是怕出现不好的结果。对于一些人来讲，"求稳"是一种主导的心理状态，他们认为可以没有成功，但不能发生闪失，只要不出差错就是"最好的结局"。所以，在解决问题时，他们总是力争选择最"安全"的方法，避免出现麻烦或风险。由于长时间习惯于因循守旧，他们便形成了谨小慎微的性格，思维也变得窄化、不灵活。在做事情时，如果不敢大胆地改变方式，没有探险精神，虽然可能没有所谓的麻烦找来，但也一定不会有最佳的结果出现。取得成绩乃至成功一定需要采取许多创新的方法，克服很多前所未有的困难，倘若只是按部就班、不经历艰难，是不可能取得卓越成就的。

一个人在做事时中规中矩，害怕出现不良的结果，还可能是因为有过一些失败的经历。然而，对于失败的态度，能够反映出人的情商水平，决定最终能否成为一个有所作为的人。关于如何对待失败，伟大的成功学大师、美国励志书籍作家拿破仑·希尔曾有一段精辟的论述，他说："你所遇到的每一个挫折,都伴随着一粒与之同等或更大收益的种子。认识并相信这种说法,把过去所有失败的情境全都关在心门之外,这样头脑才能够积极运转起来。每个问题都一定会有解决的方法——你只需要找到它!"的确如此,如果人在需要解决问题的时候,心里充满着担心和惧怕,就会消耗许多心理能量,同时思维活动也会受到极大的压制,导致想法单调、方法死板,灵活性大大降低。

所以,要想真正提高灵活性,你一定要努力消除自己的惧怕心理,大胆想象和尝试,勇敢地面对新的挑战。

4. 敢于运用新方法

灵活性强的人都有一个典型特征,那就是具有创新意识。他们对于一个具体的问题,总是能够针对实际情况选择新颖的解决策略与方法。这种善于创新、不畏挫折的勇敢精神,给他们带来了许多意想不到的收获。如果你想提高自己的灵活性,适应快速变化的环境,也应当努力放开自己的思维,遇事大胆使用新的方法。经过一段时间的努力,你一定能够成为一个灵活的问题解决者。

案例 13-2 描述了一个年轻员工对于工作设备变化的反应及其结果,从中你可以看到一个人的灵活性对于事业的顺利是多么的重要。

案例 13-2

20 世纪 80 年代,玛丽在一家大型心理健康中心就职,她对这个工作非常满意。她的亲密伙伴和称心如意的工具是一台 IBM 的电动打字机。玛丽已经习惯了这台机器,觉得它帮助自己完成了许多工作,而且怎么用也不坏。后来,公司领导认为电动打字机过时了,准备用新式的文字处理器来替代它。玛丽的上司很激动,可玛丽并不高兴,不愿意淘汰自己心爱的打字机。经过上司的努力劝说,她才肯更换设备。

让玛丽惊讶的是,不久以后她竟然习惯了文字处理器,使她的工作变得更加容易。然而,在使用这台机器大约一年之后,个人电脑开始风靡美国。公司给每个员工都配了一台新电脑,并且安装了名为 MultiMate 的文字处理软件。玛丽的上司又是兴奋不已,而她依然意兴阑珊，没有多大兴趣。在接受了必要的培训之后，玛丽掌握了个人电脑的新技能。不久，公司又引入了 WordPerfect 电脑软件，上司又要求每个人都要在第二周的周二之前把电脑中的软件更换好。对于工作设备的频繁更新，玛丽实在无法忍受了，不愿再被快速的变化赶着走。她利用周末的时间认真考虑了公司的要求和自己的选择，在周一上班时提交了辞职信。

玛丽在公司不断更新工作设备的情况下，心里愈加产生一种抵触情绪，不愿意顺应这种客观上的变化。在几次更新设备和软件的时候，她都不是心甘情愿，感到在技术上很难适应。由此看来，玛丽的灵活性比较差，面对新的挑战不是以积极乐观的态度来应对，反而总是处于迫不得已的被动状态。在现今社会，很多人都工作在类似于玛丽公司的环境中，经常需要解决新的问题，承受新变化的压力。这就要求人必须有很强的灵活应变能力，能够尽快适应工作上的新要求。如果像玛丽一样，总想依赖老办法，拒绝适应新变化，最终注定会在工作中失败。无论做什么样的工作，具有开放的心态，不拘泥于固有的观念，敢于尝试新的方法，对于取得事业的成功都是至关重要的。

5. 持续鼓励自己

在你发挥灵活性去应对快速变化的世界、处理各种问题的时候，所运用的方法不会总是成功的，肯定会有不顺利甚至很多失败的时候。但无论是成功还是失败，你都要不断地鼓励自己继续努力。如果新方法奏效了，你就立即给自己一个嘉奖，肯定自己的成绩，增加个人的自信心和灵活性，并且设立更高、更长远的目标。倘若新方法没有奏效，你也不要气馁，应认真查找未能取得成功的原因，分析为什么没有成功，同时，还要肯定自己的勇气和大胆创新的精神，为自己增加心理力量。总之，灵活性的提高需要个人的自我激励和不断训练，只要你立志达到这个目标，并且在生活中努力践行，就能实现自己的愿望，成为具有灵活应变能力的人。

▶ 课后自我训练 ◀

在学习这一课之后，你可以从工作、学习和人际交往等方面，来检查和分析自己的灵活程度,并按照1~10的评分等级,对各个方面进行评估。

♥ 针对灵活性较弱的方面,你应有意识地加强训练,在遇到具体问题时,努力从多个角度去考虑,并且尝试运用新的方法。

♥ 你要试图在每天的生活中做一些改变,如在学习、工作、饮食、娱乐和交友等方面,对原来过于死板、效果较差的方式进行调整,添加一些有效的做法。

♥ 在对自己做一个全面分析之后,你会发现一些让自己感到困难或不愿意做的事情。在不给自己增加过多压力的情况下,试着每天去做一点,逐渐提高自己的适应性和灵活性。

♥ 在你所熟悉的人群中,哪些人处理问题的灵活性比较强?你可以通过实例分析他们的所作所为,并认真学习其灵活应变的优点。

♥ 找一位你熟悉的、信得过的家人、师长或朋友,请他/她分析和评价你的灵活性,在综合他/她的建议和自我反思的基础上,你便可以设定目标,建立自我改进计划,并且在生活的实践中加以具体的落实。

第十四课　压力承受

学完本节课,应努力做到:
- 了解心理压力的来源;
- 理解心理压力的变化过程;
- 熟悉心理压力的症状;
- 认识压力承受能力的主要表现;
- 掌握预防和减轻压力的方法。

我们处在一个高速发展的时代,不论在工作中还是在生活中都要面对许多挑战。与历史上任何时期相比,现代人需要承受更大的压力。这是不可否认的客观现实,也是一个必然的社会现象。所以,如何面对和抵御较大的压力,便成为当今人们必须思考和解决的一个重要问题。在很大程度上,一个人对待压力的态度和承受压力的能力,将决定事业是否成功和生活是否幸福。如果能够有效地应对压力,就能战胜险阻,渡过难关,取得卓越的成绩;反之,如果向压力屈服,在困难面前低头,就会以失败告终。因此,提高压力承受(Stress Tolerance)能力,能够恰当地处理所面临的各种压力,是每个人都要努力达到的目标。

当然,善于和有效应对压力的能力,并不是很快就能提高的,更不是与生俱来的,它需要在生活的历练中慢慢地增长,由后天的习得渐渐积累起来。正因为压力承受能力可以通过自觉地培养和训练而得到提高,所以我们要充满希望,建立起足够的信心,努力学习和掌握一些抵抗压力的方法,使自己成为一个能够战胜压力的人。

一、压力的来源

"压力"是人们经常使用的一个词,也是人们很容易感受到的一种心理体验。这一概念首次被应用于动物和人类是在20世纪30年代,最初用来描述动物在遇到危险情境时产生的"生理唤醒",后来用以表征人在不能满足环境施加的要求时,所出现的觉得不安的"心理感应"。从本质上看,压力产生于人的现实状况和想要达到的状态之间的差距。当周围的因素对人产生影响并驱使其做出较大改变的时候,人的心理压力就不可避免地产生了。由于客观世界的变化速度不断加快,人就日益需要调整自我以适应变幻莫测的局面,由此便不由自主地出现心理紧张的感觉,产生了使人焦虑的心理压力。虽然压力不总是造成负面的结果,但如果超出了人能够承受的程度,即处于人的应对能力和管理能力控制之外的时候,就必须得认真地对待了。当压力太大时,会破坏人的正常思维和行为,使成功的概率变小。

从心理学的角度看,压力是心理压力源和心理压力反应共同构成的一种认知和行为体验过程。压力的来源多种多样,导致压力产生的因素也不胜枚举。综合起来,压力的促成因素主要分为四个类型,即社会环境因素、工作因素、人际因素和个人因素。所谓的社会环境因素,是指人的生存环境的快速变化和不确定性,如技术的更新和淘汰、经济的不稳定性、社会的不安全性、各类突发事件的产生等。这些因素对于个人的安全感会产生很大的影响,由此给人带来较大的心理压力。工作因素主要包括岗位要求的频繁变化、任务的难度加大、承担较多的责任和风险、工作自主性受到限制、工作负荷不断加重等。这些工作中的困难都可能使人的压力水平升高,增加过重的心理负担。人际因素涉及不和谐的上下级关系、同事之间不能很好相处、与家庭成员之间发生矛盾、过多过频的人际交往等。与人交往中的这些不利因素,会使人感到苦恼、紧张、恐惧或恼怒,必然会增添心理压力。个人因素主要是对自己的要求过高,设定了与个人现实状况相差甚远的目标,由于一时难以取得预想的效果,便产生了很强的压力感。一般来讲,压力与目标成正比,目标越高(期望值越高),压力会越大。除此之外,个人以往的失败经历、家庭经济条件不好、对新的工作或生活环境不适应、个人价值观与现实发生了冲突、身体状况不佳等,也会给人的心理造成很大的压力。

上述这些压力源很可能出现在人们的工作和生活环境中，影响人的心理状态。如果我们不想被心理压力所困扰，而要成为控制和管理压力的主人，就必须对这些压力源有所警觉。每个人都应当对以上列举的各种压力源进行认真的分析，查看是否已经对自己的心理产生了不良的影响，有没有感觉到较为明显的心理压力。对于压力源的分析与排查，能够使人全面和透彻地了解所处的客观环境，准确找到可能引起心理压力的不利因素，从而事先设下心理防御或加以及时的情绪调控。在很多情况下，人之所以会产生心理压力，其主要的原因是对所面临的实际情况不了解，对将要发生的事情没有心理准备。如果能够经常性地分析一下周围的环境，鉴别出可能的压力源，就会对不利的因素有所警惕，使产生心理压力的可能性大大降低。

二、压力的变化

人们感受到的心理压力有程度上的区分，通常经由一个从小到大的变化过程。针对心理压力的变化规律，加拿大著名情商专家哈维·得奇道夫提出了"压力周期的三阶段"，以帮助人们更加深刻地认识不同程度的压力及其影响。

1. 感知压力与自我调整阶段

在这个阶段，人已经有了不正常的心理感受。在遇到没有把握或做不好的事情时，心里开始产生一种不安的感觉，接下来还将出现紧张、烦躁和恼怒等情绪。这些心理症状表明，压力已经存在于人的心中。然而，值得庆幸的是，人在这个阶段时能够非常清醒地认识到自己有了不良情绪，处在比较敏感的"自我监控"之中。这种清楚的自我感知状态，对于个人进行及时的压力管理是非常有利的。

在感觉到自己有了一定的压力之后，我们应立即采取一些有效的方法来消除或缓解它。由于这个阶段的压力相对较小，一些应对方法都会比较奏效。其中，最有效的做法是分析此时自己的愿望是什么，然后尽力去满足那些需求。通过最大程度地满足心中的愿望，愉悦的心理体验就会产生，这样便可以减轻一些负面情绪，降低心中的压力感。在理想的情况下，内在需求的满足能够将心里的压力完全驱除掉，也就是说，快乐的心理情绪可以战胜消极

的心理感觉。例如，与思念已久的知心朋友相聚，在一起吐露心声、交流思想，可以获得心灵的慰藉，而这种愉悦的感觉会冲淡工作中因人际交往所带来的不快或压力。所以，在压力的初级阶段，做一些能够满足个人需要并带来喜悦的事情，是及时消解压力的最恰当的方法。

在心理压力产生的第一个阶段，个人的自我察觉是非常重要的。为了不让心理压力变大，及时的发现是关键。我们要十分留意一系列的情绪信号，随时反观内心的感觉以及行为上的表现。如果忽视或漠视不愉快的内心感受，对其不做任何处理，心中的负面情绪就会越积越多，压力也会随之增大。

2. 感到疲惫与改变生活阶段

倘若我们没有及时地抑制压力的增长，其程度就会变得愈加严重，使我们的心理情绪更为消沉。具体来说，一般有如下几种心理症状，将直接影响人的正常工作与生活。①感到疲惫。在做以往觉得很容易的事情时，却感到力不从心，没有能力去完成，经常处于疲惫状态。对于过去能够迅速完成的任务，现在也变得拖拖拉拉，不但难以集中注意力，而且还频繁地忘记事情。②心神不宁。在压力的中级阶段，一个突出特点是人的心情难以放松，整日感到坐立不安。本来有许多事情要做，但又不知道从何处着手，不确定接下来应该做什么。③变得消极。在待人接物方面，没有从前那么主动和热情。尤其对于工作、社交活动等，都失去了以往的兴趣，常常是能躲则躲、能逃就逃。一些向来比较爱讲话的人，由于较大的压力所致，也变得少言寡语。④常发脾气。当一个人有了较大的心理压力的时候，会表现出愤世嫉俗，看问题偏向极端，觉得什么都不公平，抨击和否定是常有的表现。另外，感到压力大的人还经常因为一些小事发脾气，呈现出愤怒的状态。⑤出现抑郁。人开始体验到间歇性的抑郁和沮丧，甚至经常对自己失去信心，对生活不再抱有许多希望。除此之外，一些人还会出现睡眠问题，经常入睡困难、半夜醒来。

与第一个阶段相比，此阶段的压力症状严重了许多，所以，一般的调节方法难以收到明显的效果。在这种情况下，人需要制订长期、具体的减压计划，详细地安排每一项有利于排解压力的活动。在必要的时候，还需要调整或彻底改变自己的工作和生活方式，最大程度地减轻各方面的负担，以达到为自己的精神和情绪"松绑"的效果。处于这个压力阶段的人，一定要更加重视和认真对待压力管理的问题，持续的忽视很可能会使压力症状变得更加严重。

3. 严重抑郁和专业帮助阶段

如果人一直不去消解心里积蓄的压力，对它放任自流，让其不断增加，久而久之必定会导致抑郁症等严重的心理障碍。到了这个程度，人会在各个方面出现难以想象的变化。例如，突然放弃自己非常喜爱的工作，中断重要的人际关系，改变以往的生活方式，性格变得让人难以接受，整天处在压抑和痛苦的情绪之中，等等。更严重的情况是，完全失去了自信心，没有了生存的价值感，觉得活在世上没有意义和指望，对自己的生命予以否定，产生轻生的念头，甚至用自杀来结束生命。

当心理压力积累到这个阶段的时候，人一般不再有能力进行自我缓解，必须要寻求专业人士的帮助，应该尽早去看心理医生，及时得到专业的帮助。如果等到抑郁的心理症状到了极其严重的程度，就为时过晚了，治疗起来将非常困难，不容易恢复和痊愈。除了去找心理医生的帮助之外，当事人最好离开现在的工作或生活环境，以便让自己转移注意力，尽快从痛苦的心境中走出来。如果不能长期改变环境，至少也要在一段时间内脱离目前的处境。在接受专业帮助和进入新环境的同时，当事人一定要努力让自己重新树立起生活的信心，逐渐用积极的情绪代替抑郁和沮丧的情绪，坚信一定能够恢复到原来的正常状态，一个光明的未来在等待着自己。

三、压力的症状

在我们对"压力"这个概念进行深入理解时，分析由它引起的症状比界定什么是压力要容易得多。全面了解和熟悉压力带来的症状，可以帮助我们更加透彻地认识压力及其危害，在平时经常做一些必要的自我检查，防止压力对我们造成不良的影响。虽然我们在上面描述"压力周期的三阶段"时列举了一些压力症状，但为了更加系统地探讨压力的危害，下面将从情绪、身体和行为三个方面，详细讨论压力的表现及指标。

1. 情绪指标

人一旦有了压力,情绪的反应首当其冲,因此,通过情绪的变化来判断压力的状况,是比较准确的方法。

(1) 焦虑。这是在环境中可能出现危险、做出某些重大决定或无法实现某个目标时,人所体验的一种紧张的期待情绪。这里所说的焦虑是状态性的焦虑,是针对某种情境而出现的,不同于无明确原因的持续性的特质焦虑。焦虑的典型表现为紧张不安,心情总是很沉重,经常面容紧绷,无法让自己安静下来,还常常做一些无意义的动作。

(2) 恐惧。这种情绪是当人面对某种可能发生的不利事件或很难完成的任务时,心中产生的一种带有回避倾向的害怕感。人有了恐惧心理之后,交感神经会兴奋起来,调动全身准备随时逃离有压力的环境。引起恐惧的压力源一般为真实的事件,例如,担心完不成上级交给的任务,会给对方留下"没有能力"的印象,便产生了很强的恐惧感。

(3) 愤怒。这种心理情绪一般是因为个人的目标受阻、观点遭到反对、价值观被否定、自尊心受到威胁和伤害而产生的过激反应。当然,人的压力过大也是愤怒情绪的一个主要诱因。伴随着愤怒情绪的出现,人的心率会加快,血输出量会增加,支气管也会扩张起来。如果这些不正常的生理反应频繁出现,将对人的身体健康造成很大的影响。美国约翰·霍普金斯大学医学院和公共卫生学院对1055人跟踪调查了32~48年,研究他们早发性心脏病的发病率与生气反应之间的关系。此项研究发现,脾气暴躁和容易发怒的人得早发性心脏病的可能性比常人多出三倍,他们在55岁之前患心脏病的可能性更是超过常人的六倍。

(4) 冷漠。这是在心理压力很大的情况下所产生的一种反常情绪。由于压力过大而无法承重,所以就反其道而行之,对当下的任务持"无所谓"的态度,不想继续完成,更不在乎是否能够做好。冷漠的心理情绪是对刺激情境不理睬的心理表现,不再有任何热情,对事物的态度非常冷淡,其危害程度不亚于其他负面情绪。在很多情况下,一些极坏的心理反应被冷漠的情绪所掩盖,表面上似乎风平浪静,但内心却是暗流涌动。虽然冷漠可能会把愤怒等负面情绪暂时遮掩起来,但那些坏情绪迟早会以其他间接的方式表现出来,最终影响到人的行为。

（5）抑郁。我们在前面已经略微描述了这种情绪，是人在难以承受压力的情况下，所产生的危害最大的心理情绪。当人有了抑郁情绪时，就会心情极度低落，心灰意冷，悲观失望，没有了愉快、希望和憧憬的感觉。他们对自己的评价变得很低，自我感觉很差，随之而来的便是对生活缺乏兴趣，尽量逃避现实和远离人群。在抑郁情绪的影响下，人会出现食欲不振、睡眠障碍和身体不适等症状。如果到了最严重的程度，人还会感到非常难受，产生"无助感"。一些人在无法忍受精神极度痛苦的情况下，便产生了自杀的念头。

2. 身体指标

我们都已知道，人的心理状态与身体状况是密切相关的，情绪每时每刻都在影响着人的身体健康。当人有了较大压力感的时候，往往出现焦虑、恐惧、愤怒、消沉或抑郁等负面情绪，也必然会出现一些身体上的不良症状。

由压力引起的心理与情绪的变化，将给人的生理方面带来许多危害。归纳起来，有如下六种主要症状。①肌肉不适。伴随着压力感的出现，人的颈部、肩部和后背等部位的肌肉会变得僵硬，身体感到不灵活、不自如。正是由于这个缘故，一些利用肢体动作完成任务的人（如运动员、舞者等）往往在参赛或表演时因为压力过大而使动作失误。②头痛头晕。如果人长期在较大的压力下工作和生活，会出现头痛和头晕的感觉，还会有血压升高的现象。这些不良症状必然使人的思考力和工作效率降低。③肾上腺功能降低。人处于精神紧张的状态时，肾上腺需要不停地工作，分泌肾上腺激素，以保证体力和精力的补充。但如果长期承受压力，营养又得不到充分补充的话，就容易造成肾上腺衰竭。这个病状会削弱人体的免疫系统，使人对于疾病的抵抗能力下降。④神经系统失调。压力对于神经系统的干扰十分明显，许多人由于情绪紧张出现了睡眠障碍，如入睡困难、半夜总醒等。由于睡眠长期不足，就会影响身体各个脏器的休息和恢复。⑤胃肠道患病。长期承受压力的人，常常出现食欲不振、胃痛、胃溃疡、消化不良等，致使身体不能及时地吸收营养，出现体质和免疫力下降的现象。⑥肤质变差。由于过重的心理压力对于身体的各个系统都有不良的影响，内分泌和微循环变差是必然的，因此对于皮肤的损害也在所难免。我们可以经常看到，那些长期不能放松心情的人的肤质都很差，脸色非常灰暗，看起来很憔悴，要比实际的年龄显老许多。

3. 行为指标

压力过大不但对人的情绪和身体有很多不好的影响,而且也会引起行为上的异常变化,主要有下面几种表现。

(1) 故意躲避。当人有了较大的心理压力之后,明显的一种表现就是不像从前那样乐于承担任务了,对于工作开始采取逃避的态度,总是想尽办法躲过去。他们下意识地认为这样可以减轻压力,然而,刚开始也许会有效,但如果逃避多了反而觉得越来越累,因为承担任务的能力大大降低,即便是一个小小的任务,都会使自己感到难以完成。这种躲避的行为倾向不仅表现在对待任务上,而且反映在人际交往、社会活动等方面。压力会使人对周围的许多事情都失去兴趣,话语也可能变得越来越少。

(2) 做事拖拉。人在长时间承受压力的情况下,会出现注意力分散的现象,很难让自己的思维和行为聚焦在某件事情上。所以,做起事情会拖延,不能按期完成计划,使工作和学习的效率明显降低,当然也就难以取得好的成绩。在压力使人疲劳的时候,人最爱对自己说的一句话是"明天再做吧"。然而,无休止地把任务推到明天,会使自己的"债"越欠越多,压力就会越来越大。

(3) 缺乏计划。如果人的责任过重、任务过多,还会出现一种手忙脚乱的现象,似乎是要抓紧时间做事,恨不得一下子把所有的任务都完成,但是却常常没有合理的计划,无法安排好自己的时间和行动,到头来非但没有完成任务,反而使自己更加感到压力重重。

(4) 易于攻击。压力过大能让人产生愤怒的情绪,很容易促使人做出一些冲动的事情。不理智的表现常常都带有攻击性,要么是出口伤人,大发脾气,说出一些不礼貌、贬低甚至谩骂他人的话,要么就是动手打人,肆无忌惮地发泄自己心中的不快和怒气。人与人之间的许多不该发生的伤害事件,就是因为某方或双方产生了很大的压力又不能及时排解所导致的。

上面所列出的各种行为表现,可作为指标来对自己或他人进行观察,分析是否有心理压力的存在。人的语言和行为是由思想与情绪所决定的,若有上述行为发生,就在很大程度上反映出人的心里存在着一定的压力,由此可以提醒人及时采取正确的方法来减轻压力。

四、压力承受能力的主要表现

压力存在于人的整个生命历程之中,人生历程中没有压力是不可能的,而且,压力并非总是有害的。心理学家告诉我们,有一些压力是好的,能调动人的潜能,激发人的积极性。如果我们能够将压力变成动力,就可以避免压力给情绪、身体和行为上带来不利影响。那么,怎样做才能将压力转化成动力?人具有什么样的表现才算是具备了压力承受能力呢?下面我们来分析和归纳压力承受能力的主要表现。

1. 积极的态度

具有压力承受能力的人,在困难来临的时候总是不紧张、不惧怕,能以积极、放松和镇静的心态来面对客观现实。他们不会感情用事,更不会任凭情绪来左右自己的行为。尽管他们遇事也会有情绪波动,但能够及时控制自己的情绪,而且能从积极的角度来看待压力。他们认为,压力能够让自己的精力更加旺盛,可以锻炼战胜困难的意志,更重要的是,能够让自己有机会挑战个人的极限,投身于能够燃起激情的事情当中。在他们看来,没有了压力,生活就会枯燥乏味。倘若人有了这样的积极态度,就一定能够很好地应对和管理压力,压力便成为使人不断向前的推动力。

2. 冷静的思考

许多人在压力降临的时候,都会出现紧张和慌乱的状态,想法不能集中,甚至可能出现思维混乱的情况。而压力承受能力强的人,能以不同于常人的方式来对待困难或问题。他们能冷静和仔细地分析面临的压力,对于所处的环境和客观条件做出准确判断,找到事情的难点和障碍所在,而不是面对压力发愁和叹息,或完全放弃应该承担的任务。他们知道在当下自己最需要做什么,应该怎么做,有比较清晰的解决问题的行动方案。遇事泰然处之和沉着思考,是抗压能力强的人所具有的特点之一。

3. 坚定的信心

战胜压力的过程是一个自我挑战的过程,尤其是对一个人的自信心的考

验。所以,不被压力击败的人,都是自信心很强的人。他们清楚地认识自己所具备的能力,相信通过努力能够克服困难,取得最后的胜利。而压力承受能力弱的人,却常常表现出不自信,不相信自己有能力渡过难关,甚至还会出现无助、无望和自暴自弃的心理。两个人面对同一项任务,即使他们的能力不相上下,但由于自信心的强弱有别,所以完成任务的结果会有很大的不同。

4. 无畏的勇气

压力承受能力强的人不但相信自己能够战胜困难,而且在克服困难的过程中也表现得很勇敢,会用实际行动来实现很难达成的目标。他们能够从容地处理各种不利事件,不会被压力和困难所吓倒。因为他们在应对压力的时候充满了勇气,所以思维是灵活和敏捷的,能够在承受压力的过程中智慧地选择有效的方法去完成任务,更能通过恰当和高效的方式排解压力和增添力量,使自己在困难仍然不断出现的情况下,依然有无畏的勇气和坚强的意志,直至达到最终的目的。

通过下面的案例我们来认识一位真实的人物,从中可以看到一个极具抗压能力的人是如何应对压力的以及他所具备的人格特点。

案例 14-1

詹姆斯·杰克逊是美国《时代》杂志的资深撰稿人及编辑,他对于压力的控制能力令人佩服。杰克逊的工作性质决定了他总是在最后一分钟接到工作任务,然而他却能把精神集中起来,在最短的时间内汇集大量的信息,写出优美的文章。每当遇到疲惫不堪的同事时,他总能显示出活泼的幽默感。

他认为,在遇到压力时,最关键的是要对自己的能力有清晰的认识,知道自己能做什么,最擅长做什么,不被其他的人或事所左右,一定要有自己的想法。他经常这样问自己:"这篇文章在 100 小时、100 天或 100 年后的价值何在?"虽然面对的压力很大,但他对自己的工作始终是高度负责的。在巨大的压力面前,他表现了三个突出的特点:一是采取积极的方式控制住压力,二是在遇到突发事件和不利情境时保持乐观的态度,三是随时感知自己的心理控制能力。正因为他能够很好地处理工作中的压力，所以就能放松心情，发挥自己的特长，在业余时间写出谍战小说。

五、预防和减轻压力的方法

对于压力的管理，最好的策略是预防。就像我们对待健康的维护一样，只有尽早地发现可能引起疾病的现象及原因，才能将隐患从身体中及时地除去。当然，如果压力已经出现了，我们更要高度地重视，必须采取有效的方法加以缓解和消除，以防止压力的不断积累。谢德拉博士是美国心脏数理研究院的创始人。他认为："压力刺激荷尔蒙、去甲肾上腺素和皮质醇的不断分泌，最后使人体枯竭。如果无法抑制慢性压力、敌对、愤怒和消沉等态度，人必定会病倒，最终由于心力耗尽而死去。"关于压力管理，很多心理学家开展了大量的理论研究和临床探索，取得了许多成熟的研究成果和实践经验。这里我们归纳出一些简单易行的方法，可供读者在预防和处理压力时使用。

常用的压力管理方法包括如下七种。①安静身心。当你感到心里有压力的时候，可以去找一个安静的地方坐下来（如海边、林间、空旷的草地），闭上眼睛做深呼吸和冥想，也可以到大自然中去散散步，观看身边的风景，以消除郁闷、紧张和焦虑的心情。②欣赏音乐。聆听喜欢的音乐，让自己陶醉其中，随着音乐抒发内心的情感，让压抑的情绪随着音乐的旋律而得以释放。③体育锻炼。许多研究表明，体育锻炼可以帮助人平复不安的情绪，获得放松的感觉。这是因为体育锻炼能使人体释放胺多酚，它具有镇定作用，可以使人心情愉快，对减轻压力很有效。你可以找到一种适合自己的方式，坚持每天进行体育锻炼。④转移注意。当你感到压力过大时，要学会暂时放下使你产生压力的事情，去做别的事情，待心情有所放松之后，再去解决所面临问题。⑤列出清单。许多时候，你并不是遇到了不可解脱的压力，只是心里感觉有太多的事情要做，一下子又不知从何处做起。在这种情况下，你不妨在纸上列出一个清单，把要完成的事情和步骤一一写出来。当你一目了然之后，就会觉得其实那些任务并不可怕，自然就增加了对压力的控制感。⑥鼓励自己。在遇到压力时，你要给自己一个心理强化，告诉自己不能被困难所吓倒，通过坚持和努力一定能够闯过难关。⑦寻求帮助。如果你感到自己很难让压力减轻，并且伴有一些情绪和身体上的反应，还有加重的倾向，你一

定要去寻求他人的帮助,尤其需要按照专业人士的指导进行减压。

实际上,还有一些可以用来预防和抵抗压力的方法,由于篇幅所限,我们在这里就不一一赘述了。抗压的情商能力是可以通过自我训练来提高的,只要予以足够的重视并使用正确的方法,你一定会成为一个能够战胜压力的人。你应当根据自己的情况,去寻找、体验、选择和采用最适合的减压方法,养成随时排解压力的习惯。但不论使用什么方法,坚持是最重要的,任何时候都不应忽视对于压力的管理。只有让自己的心情保持轻松和愉悦的状态,才能做好所有的事情,才能有一个幸福的生活状态。

▶ 课后自我训练 ◀

♥ 你可以自我检查一下最近一个时期的心理压力状况,如果感到了一定的压力,分析是由什么压力源引起的。

♥ 如果你确实感到了来自几个方面的压力,辨别一下哪个方面的压力最大,是否引起了情绪、身体和行为等方面的不良反应和变化。

♥ 你应当从现在开始培养自我减压的习惯,制订一个可行的心理维护计划,定期使用一些减轻压力的方法,并逐渐找到适合自己并且能够收到良好效果的策略和技巧。

♥ 如果你的家人、朋友或同事感到有心理压力,你可以把本节课所列出的方法和自己的经验介绍给他们,帮助他们排除心理压力的困扰。

第十五课　乐观

学完本节课，应努力做到：
- 了解乐观的重要作用；
- 懂得乐观的真正含义；
- 了解乐观与悲观的显著差异；
- 培养乐观的态度与精神。

每个人都希望生活中充满美好，天天都有快乐相伴，前进的道路一帆风顺。然而，现实不会总是阳光灿烂的，无论在人生的哪一个阶段，做任何的事情，都会遇到困难和障碍。如何面对不顺利的境遇，是否能以积极的态度去战胜艰难险阻，是对一个人的情商的真实考验。人在顺境时，难以表现出内心的强大，只有在逆境当中才能显示性格的顽强。而要想在人生的历程中克服重重困难，不断地前进，取得卓越的成绩，必须具有一种面临危难仍然满怀信心的乐观精神。

既然乐观（Optimism）的态度不可缺少，我们就应该努力地加以培养，使自己成为一个无论在什么状况下都具有积极心态的人。在本节课中，我们将介绍乐观的作用，探讨乐观的真意，详细比较乐观与悲观的不同，学习使自己变得更加乐观的方法。

一、乐观的含义

对于任何人来讲，"乐观"一词都不陌生，然而，要想真正理解乐观的含义,是需要深入学习的。美国情商专家史蒂文·斯坦和霍华德·布克给乐观下了这样的定义:"乐观是即便在逆境中依然能够看到生活的光明的一面并且保持积极态度的能力。它指一个人在逆境中依然能充满希望并迅速适应环境。"乐观的人不但在遇到困难时具有信心和勇气,就是在所谓的"绝境"中,也会坚强不屈,对未来怀有恒久的期盼。正如19世纪德国伟大的哲学家尼采所说:"杀不死我,我会更坚强。"乐观的人有一个共同的特征,即坚定地相信未来,不管遇到多大的挫折都心怀希望,能够在失败之后重新振作起来。在他们看来,失败只是成功之路上的必然经历,并不是最后的结局。所以,乐观的人对于自己的目标和理想,不会轻易地放弃或绝望。

为了使人们能够对乐观的含义有一个更加清楚和准确的理解,美国积极心理学创始人马丁·塞林格曼对乐观做了进一步的分析。他认为,乐观有三种类型,即现实乐观、盲目乐观和虚无乐观。所谓的现实乐观,是指一个人能够客观地看待当下的实际情况,在深知存在许多困难和问题之后,依然对未来抱有信心和希望,继续做出自己的努力。盲目乐观指的是回避或拒绝接受不利的现实,在没有客观依据时却认为成功是唾手可得的,无视失败的可能性和逻辑规律。持这种乐观态度的人,对于失败的代价熟视无睹。虚无乐观意味着一种痴心妄想,在没有任何根据的情况下也认为可以取得成功,是一种完全脱离客观实际的自我想象。在这三种乐观中,现实乐观是可取的,它能够增强人的信心和勇气,促进人的潜能的发挥,有利于取得最后的成功。而后两种乐观是不可取的,一种轻视了困难的真实存在,没有心理准备就去面对困境;另一种是虚无缥缈的梦幻,完全脱离了现实情况。

真正的乐观是清楚地知道所面临的困难但不会让逆境挡住前进脚步的能力,体现出在生活中具有的一种客观和怀抱希望的积极态度。它不是盲目地相信什么事情都能好转,也不是无谓地冒险,更不是让自己总是沉浸在振奋人心的自我激励之中。具有乐观精神的人,完全明白自己正处于怎样的境况,清楚将会发生什么,需要解决哪些问题,能够以一种充满希望的心态去迎接困难的考验,直至达到最终的目的。他们的自信、自立、现实判断和压力承受等情商能力都很强,乐观是与这些能力并存的一种人格品质。

二、乐观的重要作用

乐观是人类的一种宝贵的精神力量。它是一个人能够勇往直前的重要心理动力。马丁·塞利格曼曾说过:"乐观使忧愁逐渐散去,身体越来越好,成就越来越多,而付出的代价越来越少。"通过一些系统的实证研究,他认为乐观有如下三个重要作用。

1. 乐观能使人唤起自身的力量

具有乐观精神的人,总能以正向思维引导自己,还会用辩证的观点看问题。在遇到失败时,能从积极的角度去思考,不是只关注不利的一面。乐观向上的人往往认为失败是暂时的,不全是自己的过错,将困境看成是一种挑战、一个有所作为的机遇,能够呼唤出更大的个人努力。加拿大著名领导学专家罗宾·夏玛认为,乐观是我们所有人在开拓潜力的过程中关键的、必需的素质。乐观的重要意义经常被低估,如果我们更加乐观,就能在克服障碍、完善自我的道路上迈出重要的一步。

2. 乐观能大大提升一个人成功的概率

关于乐观这一情商能力,研究者们做过很多实验,发现乐观的人往往是比较成功的人。马丁·塞利格曼的研究表明,人所期望的目标与成功之间有着极其密切的关系,也就是说,对自己的期望值越高,所获得的成功就会越大。而乐观正是对未来充满期望的一种心态,能够鼓励人朝着更远大的目标前行。但凡在一生中取得伟大成就的人,都是非常积极和乐观的,他们对于自己的将来总是信心满满。换个角度说,有远大理想并能够去努力实现的人,一定是乐观向上的人。有一项调查显示,许多优秀的企业家在不到40岁时就成功地创立了自己的公司,而在此之前他们平均失败过近20次。显然,他们都是具有乐观态度的人。

3. 乐观能使人的身体更健康

乐观的情绪不但可以让人精神振奋、心清气爽,使人的心理处于健康的状态,同时还能让人的身体变得强壮。马丁·塞林格曼做了多项有关乐观与身体健康的关系的研究，发现了一个稳定的规律，即乐观与健康紧密相连。他在20世纪80年代做了一项研究，对120名首次发作的心脏病患者进行了心理测试，获得了乐观情绪的数据。八年半之后，其中一半的人死于第二次心脏病发作。事实上，在八年半之前所获得的心理测试数据已经可以预测第二次心脏病发作的情况。在当时最悲观的16个人中，有15个人死亡，而在最乐观的16个人中，只有5人死亡。由此看出，乐观的情绪对人的身体健康是何等的重要。除了对于心血管疾病有防治功能以外，乐观对于其他疾病也有很大的抵抗作用，如各类传染病、感冒等。总之，乐观能增加身体的免疫力和恢复力，使人的患病率显著降低，从而让人的寿命明显增长。

由于乐观具有如上所述的重要作用，我们应当从现在起就努力地培养乐观精神，从生活中的小事开始，让自己逐渐形成积极的思维习惯，具有克服困难的信心，成为一个乐观的人。

三、乐观与悲观的比较

与乐观相悖的心理情绪是悲观，它们之间存在着诸多的不同，而且差异极其显著。一个人在生活中是选择乐观还是选择悲观，将毫无疑问地决定了他/她的生活状态和生命质量。下面我们来做一些详细的对比。

1. 对挫折的看法

乐观的人会把生活的低谷视为一种暂时的状态，认为不利的境况不会持续很久，将慢慢地好转起来。他们不会觉得自己注定要失败，也不只是悲伤和沮丧，更不会感到一事无成。他们不避讳困难、烦恼和挫折，而是把这些看成是成功的前奏曲，永远不会被厄运击垮，心中永远点着一盏希望之灯。领导学的世界级顶尖专家罗宾·夏玛认为，如果我们极力避免痛苦，就会错失诸多有助于促进个人成长的潜在机遇。这样的机遇往往蕴藏在令人痛苦的困难时期，通常只有在这个时期，我们才能发现一些有助于将自己的修养提升到新水平的教训。具有乐观精神的人，正是能够勇敢面对困难和痛苦的人，他们会在其中变得更加坚强。

具有悲观情绪的人，往往觉得自己遭遇不幸或遇到挫折是命中注定，任何不顺利的处境都是永久性的，无法摆脱自己的命运。他们看不到前途的光明，觉得眼前一片灰暗，完全没有勇气去面对未来。

2. 对自己的认识

心中充满乐观的人，在遇到失败或挫折时，不轻易责备自己，不会认为自己是一个有缺陷、没价值和永远不能成功的人。相反，他们相信自己的能力是可以使自己走出困境的，即便最终不能实现梦想，也能按照自己的心愿，做出不懈的努力。这些特质使乐观的人勇往直前，也造就了他们的成功。

而怀有消极情绪的人，总是对自己持怀疑态度，不相信自己的能力，感到自己对于所面临的逆境无能为力。在遇到困难时，他们会把现在的处境和结果与从前的失败联系在一起，把不能成功的原因完全归结到自己身上。由于只看到自己的不足，所以他们的自信心就无法建立起来。

3. 对未来的态度

乐观的人除了对未来充满信心之外，还会认真总结失败的教训，仔细分析目前遇到的问题和困难，全力寻找解决的方法。即使没有很快找到办法，他们也坚信一定会有恰当的方法，事态可以得到控制，所以，依然坚持自己的努力，去尝试各种可能的方法与手段。当然，他们也会在客观地审视自己的能力之后，明确自己的强项和弱项，并以此来决定是否要坚持去实现原定的目标。如果暂时无法解决问题，他们就让自己歇一歇，以积蓄能量再做努力。总之，乐观的态度使他们从不放弃应有的努力。

悲观的人则大不相同，在遇到挫折时会不加分析地认为是自己的错误或无能，觉得已经没有办法改变现有的局面。他们只会过度地自责，对未来失去信心，而不去积极地寻找可行的办法。心灰意冷和自暴自弃是悲观的人在遇到失败时的一种突出表现。有的时候，他们还有另一种极端表现，那就是把所有的不顺利都归咎于外部的因素。所以，他们常常感到，自己再怎么努力也是无济于事的。

下面的案例介绍的是一位令人敬仰的伟大人物，他就是南非前总统曼德拉。从他的生平事迹中，我们可以深刻地感受到曼德拉的乐观与自信，以及为了民族解放与和平而顽强奋斗的精神。

案例 15-1

纳尔逊·罗利赫拉赫拉·曼德拉于1918年7月18日出生在南非特兰斯凯。他先后获得南非大学文学学士和威特沃特斯兰德大学律师资格，曾任非国大青年联盟全国书记、主席。在1994—1999年间，曼德拉任南非总统，是首位黑人总统。

曼德拉自幼性格刚强，崇敬民族英雄。他是家中长子而被指定为酋长继承人，但他表示："决不愿以酋长身份统治一个受压迫的部族，而要以一个战士的名义投身于民族解放事业"，他毅然走上了追求民族解放的道路。曼德拉是积极的反对种族隔离的人士，也是非洲国民大会的武装组织的领袖，带头开展地下武装斗争。曼德拉于1961年参与创建非国大军事组织"民族之矛"。在他领导反种族隔离运动的过程中，南非法院曾以密谋推翻政府等罪名将他定罪，并多次逮捕他。1964年6月，他被判处终身监禁。他在监狱中服刑长达27个春秋，备受迫害和折磨，但他始终都未改变反对种族主义、建立一个平等和自由的新南非的坚强信念。1990年2月11日，南非当局在国内外强大舆论的压力下，被迫宣布无条件释放曼德拉。他在出狱之后，转向支持、调解与协商等方面的活动，并在推动多元族群民主的过渡时期挺身领导南非。他长期持有乐观的态度和坚忍不拔的精神，带领他的国家走上了一条全新的道路。他给予人民出席、选举和积极参加政府管理的勇气和机会。自种族隔离制度终结以来，曼德拉受到了来自各界的称赞，包括从前的反对者。

曼德拉在40年中获得了100多个奖项，其中最高奖是1993年的"诺贝尔和平奖"。1996年6月卸任后，曼德拉仍然为世界和平和人类尊严而不懈地努力。他大力兴办学校，还为南非防治艾滋病投入大量精力。2004年，他被选为"最伟大的南非人"。2009年，第64届联合国大会通过决议，自2010年起，将每年的7月18日（曼德拉的生日）定为"曼德拉国际日"，以纪念他为和平与自由做出的贡献。2013年12月6日（南非时间5日），曼德拉在约翰内斯堡住所去世，享年95岁。12月15日上午，南非在库努村为曼德拉举行了国葬，全国降半旗致哀。2013年12月16日，南非政府在位于比勒陀利亚的总统府举行了曼德拉塑像落成揭幕仪式。这座曼德拉全身铜像高约 9 米，安放在总统府前的草坪上。

四、乐观精神的培养

乐观是走向成功的必需的心理品质，没有积极向上的人生态度，就不会与成功结缘。为了使自己真正拥有乐观的精神，我们应当尽早开始培养这一情商能力。下面我们就与读者一起学习一些能够培养乐观情绪的非常实用的自我训练方法。

1. 关注做事方法而非负面结果

悲观的人在遇到挫折时，心里想的是："看来这件事很难成功了，最后的结果一定是失败的。"他们只关注最后的结局，把注意力放在了目标能否达成的焦点上。在对过去的事情进行回顾时，他们也总是念念不忘那些令人烦恼、伤心、悲哀和恐惧的失败经历，给自己的心理造成了一种无形的压力。因为他们过于看重结果，所以就缺少了对于过程的分析，更没有去寻找阻碍成功的原因和解决问题的办法。而乐观的人在遇到困难和障碍的时候，会首先问自己："我为什么没有成功？是什么原因导致的？可以采取哪些策略和方法去解决面临的问题？"因为他们的注意力集中在解决问题上，所以总是抱着积极探索的态度，对结果充满着热情的期待。也正是由于他们非常努力地解决问题，困难就能不断地被排除，最终的结果就会非常理想。这样看来，对于在挫折面前的两种态度，你一定要选择积极面对的那一种，无论遇到多大的障碍，都要努力寻求有效的办法，竭力去战胜困难，而不是坐在那里唉声叹气，被动地等待失败的到来。

2. 说出正面话语而非消极言论

经过心理学家和语言学家的长期研究，语言和认知之间有着紧密的联系已经是一个公认的结论。一个人从口中说出什么话，对他的想法和观点有直接的影响。因此，倘若人经常说一些积极的话语，头脑中的认识就会偏向正面一方，便能渐渐培养起积极思维的好习惯。然而，在生活中我们很容易遇到一些态度消极的人，他们整天满嘴牢骚、满腹抱怨，对待许多事情都持否定的态度，都觉得不如己愿、没有希望。这样的人，其实是非常悲观的人，对于未来和前途早已失去信心。他们常常说的是"这事儿没个好""做什么都没用"等泄气的话语。在这样一些消极情绪的影响下,他们不去解决所面临的困难,对于所处的不利境遇只是逆来顺受,其结果当然不会有什么改观。对于任何事物,若要获得好的结果,就要防止悲观的语言引导自己的思维和行动。消极的态度能摧毁我们的人生,而乐观的态度可以改变生活的方方面面,赢得幸福的人生。

许多心理学家认为,用积极的语言进行自我暗示,是培养乐观精神的一种行之有效的好方法。你不妨也在每天清晨面对镜子,看着自己的眼睛说,"我一定能做好""我真棒""我必定能成功",以此给自己增添力量,提升乐观的情绪。你可以将这种做法作为一种习惯来养成,让积极的自我强化随时鼓励自己。人是能够选择情绪的,其选择的可能性高达90%。人可以选择满心忧虑,也可以选择乐观豁达,情绪转换的时间仅仅需要6秒钟!所以,你不但能在独处安静的时候说出激励的话语,让自己充满乐观的情绪,而且在遇到困难与挫折的时刻,也能大声说出让自己坚强和乐观的话语。自我对话对于促进梦想成真有巨大的作用,倘若你能够坚持进行积极的自我鼓励,并坚持不懈地付诸行动,就一定会实现自己要达到的目标。

3. 常带笑容而非愁眉苦脸

根据美国芝加哥《医学生活周报》的报道,美国一些大型医院和心理诊所开始雇用"幽默护士"。她们陪同重病患者看幽默漫画并谈笑风生,以此作为心理治疗的方法之一。幽默与笑声帮助不少重病患者或情绪障碍者解除了烦恼与痛苦。美国心理学家保罗·艾克曼主要研究脸部表情辨识、情绪与人际欺骗,获得了美国心理学会颁发的杰出科学贡献奖。他的一项实验结果表明,如果一个人总是想象自己进入了某种情境,并一直在心理感受某种情绪,结果这种情绪十有八九会真的出现。

美国一家广告公司的部门经理弗雷德是一个很有能力的人,工作一向很出色。有一天,他感到心情很差,但由于他要在当天开会的时候与客户谈话,所以一定不能有情绪低落、萎靡不振的神情表现流露出来。于是,他在会议上让自己笑容可掬,并且谈笑风生,努力装成心情愉快、和蔼可亲的样子。令人惊奇的是,他的这种心情"装扮"带来了意想不到的结果。自那以后,他发现自己很少抑郁不振,感觉心情越来越好。事实就是这样,装着有某种心情，或模仿着某种心情，往往就能使人真的获得那种心情。所以，如果你想让乐观的感觉永驻心里，那就让自己笑口常开、满面春风吧。

4. 接近乐观人群而非消极事物

在当今的各种社会场所中，常常都有消极和负面的言论出现，似乎还有越来越严重的趋势。为了保持快乐的情绪，养成乐观的精神，你需要有意识地远离那些消极的言论。如果经常受到负面情绪和语言的熏染，你的心态势必会遭到不良的影响，离开和抵制那些悲观的人和事，能够使你的心情舒畅，使乐观精神不断增强。

如果可能的话，你应当尽量接触那些乐观和豁达的人，从他们那里可以接收到许多正面的信息，能够受到乐观情绪的感染。他们的观点、语言和行为都可以为你提供许多正能量，带动你变得乐观和积极。俗话说，近朱者赤，近墨者黑，经常与乐观的人在一起，你会在很大程度上也变成一个心中充满阳光的人。

5. 时常感恩而非冷漠无情

感恩是人的一种美德，是感谢别人对自己所做的事情和对自己所持有的态度。具有感恩之心的人，哪怕是别人对他只有滴水之恩，也要满怀感激地涌泉相报。因为感恩的语言和行动在人与人之间源源不断传递，所以这种情谊激励着更多的人也要努力帮助其他需要关爱的人。感恩除了具有重要的社会意义之外，还对感恩者本人有着积极的作用。感恩的过程有一种甜美的情绪体验，一个人在感谢别人的时候，自己的心里也是特别快乐的，一想到别人对自己的帮助和支持，就会有非常幸福的感觉。感恩的最大作用是让自己的内心保持一种积极、乐观和向上的心态。

很多研究结果表明，感恩和主观幸福感的相关度很高。美国加州大学戴维斯分校心理学家罗伯特·埃蒙斯自1988年以来开始从事关于乐观的研究。由他领导的研究小组在2003年对一群大学生进行了一个星期的题为"感恩旅行"的训练。在开展此项研究的过程中，他们对大学生实施了有规律的感恩心理培训，开展了多项感恩的活动。研究结果显示，自参加感恩训练之后，大学生们的不健康的躯体症状大大减少，整体的生活满意度大幅度提高，而且对于即将到来的新学期的工作和学习，也表现出非常乐观的态度。还有一项心理学研究发现，从小会感恩的孩子，长大之后在人际关系、人格倾向和做事态度等方面，都要优于不会感恩的人。感恩能使一个人的心胸更加开放，更乐于不断进取和努力奋斗。

单从感恩能够使人乐观向上这一点，就值得我们用真心、用行动去感谢那些曾经帮助过自己的人。马丁·塞林格曼极力提倡做感恩的事情，他说："感恩可以让你的生活更幸福、更满足。在感恩的时候，我们对人生中好事的美好回忆能让我们身心获益，同时，表达感激之情也会加深我们与别人之间的关系。"这些来自于感恩的收获，能使人大大增加幸福的感觉和乐观的情绪，更多地感受到人世间的美好。马丁·塞林格曼建议人们使用多种方法来向他人表达感激之情，其中的三种方法是他特别推荐的。一是用写感谢信的方式，向人倾诉自己的心声。在信中，你要明确地回顾对方为你做过的事，以及那件事情如何影响到你的人生。而且，你要让他知道你的现状，并提到你是如何经常想起他的言行的。二是尽量安排时间亲自上门拜访。为了更充分地表达你的感谢，你可以带上事先写好的信，当面慢慢地念给对方听。在这样的情境中，你们双方都会被这种感恩的气氛所感动，能进一步加深彼此的感情，当然也会触动你们对于日后美好生活的憧憬，增强乐观的情绪和态度。三是用写日记的方式记下每天值得感恩的事情，以此来激发和回味自己的感恩体验。有研究结果显示，写下自己近期经历的值得感恩之事，对于提升乐观情绪的作用是非常明显的。在坚持三个星期之后，人能感受到更加强烈的幸福感。所以，感恩是一种增强个人主观幸福感的有效方法。

6. 时常奖励自己而非永不满意

获得奖励是一件特别令人高兴的事情，因为它意味着一个人取得了成绩，得到了外界的肯定和赞誉。对于很多人来说，都希望得到让自己心里产生满足感的奖励，使自己对未来更加充满信心。如果得不到别人的认可，就很容易悲观失望、自怨自责。然而，他们很少或未曾想到，奖励也可以来自于自己，并非只是别人赠予的鲜花和掌声。我们要及时看到自己的努力和取得的点滴成绩，切忌好高骛远和妄自菲薄。对自己总是不满意，其实是不自信和没有自尊的表现，将严重阻碍一个人的进步与成功。

用行为心理学的原理来解释，外在奖励是对一种好行为的强化，也是对于心灵的一种慰藉，其结果能够促进其行为的继续出现，最终得以巩固，形成一种稳定的行为习惯。我们对自己的奖励也同样有这个目的，同时也是对自己的鼓励和信任。我们在生活和工作中取得了突出成就或微小成绩，都可以作为奖励自己的理由。奖励自己并不难，也不需要太多的金钱和奢华，买一束鲜花、听一首好听的歌曲、看一场电影、去一次短暂的旅行等，都是对自己的"奖励"。通过经常给自己一些微不足道的奖励，久而久之就可以培养出乐观和自信的性格，感受到更好的自己，更有决心面对未来的困难和障碍，取得更多更大的成绩。

▶ 课后自我训练 ◀

♥ 你需要认真地评估一下，自己在生活、工作和人际交往等方面是否具有乐观的态度。如果存在一些消极的想法，仔细分析是什么原因造成的，并努力解决面临的问题，使自己变得乐观起来。

♥ 从现在起，你要有意识地培养自己的积极思维。在遇到困难和挫折时，要认真地分析原因并寻找解决办法，让乐观的情绪主导自己的思想和行动。

♥ 为了更加有效地培养乐观精神，你可以运用自己最喜欢的方法进行自我鼓励，并且要努力做到持之以恒，从中激发和保持乐观的生活态度。

♥ 你可以每隔一段时间列出一个感恩清单，在上面写出需要感谢的人的名字，并且用真诚和热情的方式及时地向他们表示感谢。在表达感激之情的同时，细细体会自己心里的感受。

♥ 在你所接触的人群中，一定会有一些比较乐观的人，你应当多找机会与他们接触，使你能够受到积极情绪的感染，学习他们的为人处事的乐观态度。

第十六课　快乐

学完本节课，应努力做到：
- 了解快乐的含义；
- 明确快乐与幸福的关系；
- 辨识快乐与不快乐的表现；
- 了解影响快乐感的心理因素；
- 掌握培养快乐感的方法；
- 做一个拥有快乐的人。

拥有快乐是生活在这个世界上的每个人都想达到的状态，是生命的一种基本需要。因此，如何获得快乐和怎样保持快乐，便成了人的生命中最重要的问题之一。一个人生活得是否快乐，不但决定他/她的情感是否愉悦，而且也直接影响生活的各个方面，包括工作、学习、人际交往和婚姻等，当然也就决定了生命的质量。

尽管快乐（Happiness）对于人来说十分重要，但许多人并不明白快乐的真正含义是什么，不清楚到底应当怎样得到快乐。即便他们可能会有一些快乐的经历，但也不能保持长久，不知道如何才能让快乐永驻自己的心中。所以，从生命的整个过程来看，他们是缺少快乐感的，没能拥有幸福的人生。为了帮助大家真正认识快乐的本质，掌握获得快乐的正确方法，并且能够永远保持一种快乐的心境和人生态度，我们在本节课中将以快乐为主题，展开深入和系统的分析与讨论。

一、快乐的含义

在人类寻求永恒真理和爱的过程中,快乐越来越成为人们关注的问题。无数哲学家、心理学家和社会学家对快乐进行了大量的研究。美国情商专家史蒂文·斯坦和霍华德·布克认为:"快乐是感知自己对生活的满意,能够让自己和他人快乐的能力。快乐与知足、满意及享受生活的能力有关。快乐的人无论在工作中还是在生活中都觉得开心和自在。他们能让自己冷静下来,抓住属于自己的每一次机遇。"由此看来,快乐不只是局限在精神浅层的或一时的高兴,而是对于生活状态的深深的满足,能够激发出强大的生命力量。正如英国著名科学社会学家理查德·惠特利所说:"快乐并不等于开怀大笑。"快乐是一种稳定的心理状态,或者说,快乐是一种内在的人格品质。

《韦氏词典》也对快乐赋予了丰富的含义:"快乐是相对永恒的幸福状态,令人愉悦的情绪占主导,从简单的满意到深深地享受生活的乐趣,自然而然地拥有持续久远的愉快心情。"以色列著名情商专家鲁文·巴昂在大量的研究中发现,快乐是一个人整体情商和情绪能力的衍生品和晴雨表,与自尊、乐观、人际关系和自我实现等情商能力密切相关,能准确反映自我满意度、整体满意度和享受生活的能力。他将快乐视为一个人的"幸福指标",表征感知幸福的程度。美国哈佛大学心理学教授泰勒·本-沙哈尔是一位研究人类幸福的专家,他也认为,快乐是幸福生活的必要条件。真正快乐的人,能够在自己觉得有意义的生活方式里享受它的点点滴滴,而且绝不局限于生命里的某些时刻,而是人生的全过程。即使有时经历痛苦,人在总体上仍然是幸福的。

综上所述,快乐是人的一种深层次的心理需要,没有了快乐,心灵就得不到慰藉,更不可能感受到长久的幸福。英国哲学家大卫·休谟曾说过:"人类刻苦勤勉的终点是获得幸福。"一个人如果不快乐,即便再有钱、有权、有地位,也不会拥有幸福。因此,人想要拥有幸福的话,首先要追求快乐。我们应当努力提升自己创造快乐和保持快乐的能力,把发展这种能力作为情商培养的一个重要任务。

二、快乐与幸福的关系

古希腊伟大的哲学家亚里士多德曾说过:"幸福是生命本身的意图和意义,是人类存在的目标和终点。"先哲的话揭示了人类在生存的过程中一定会想方设法追求幸福的必然规律。正因为幸福是人生的核心,所以人不但在实际的生活中要努力地获取幸福,而且在理性上也要不断地探究幸福的真谛和思考幸福的方法。自古以来,许许多多的哲人和学者对幸福开展了大量的研究,试图帮助人们更加深刻地认识幸福,找到通往幸福的正确道路。在研究幸福的众多学者中,美国积极心理学家马丁·塞林格曼是一位颇具代表性的人物。在几十年的学术研究生涯中,他对幸福的原理做了深入的探究,取得了卓越的成就。在《持续的幸福》一书中,他根据多年的研究成果,对构成幸福的元素给予了清晰的界定。他认为,幸福是一个复合概念(或称之为构建的概念),由若干个可测量的元素组成,每个元素都是一种真实的东西,都能促进幸福感的产生,但没有一个可以单独定义幸福。马丁·塞林格曼提出的"幸福"概念包括五个元素:积极情绪、全心投入、生活意义、积极的人际关系和取得的成就。从本质上来理解,其中的积极情绪就是快乐的心境,是构成幸福的第一个元素。可见,快乐对于拥有幸福感具有非常重要的作用。

前面已经提到,泰勒·本-沙哈尔也对快乐与幸福的关系进行了研究,对于什么是幸福给予了诠释。他提出的幸福的概念虽然没有马丁·塞林格曼的幸福的含义那么丰富,但其中也包含了必不可少的快乐。他认为,幸福的定义应该是"快乐与意义的结合"。快乐指的是现在正享受着美好时光,有一种愉悦的心情,属于当下的利益;意义则来自于目标,指的是所做事情的价值,属于一种未来的利益。按照本-沙哈尔的观点,一个人是否感到幸福,在很大程度上取决于他的心里有没有快乐的情绪。这一结论与马丁·塞林格曼的理论是一致的,即快乐是幸福的重要基础。

由于快乐对于人达到幸福的状态至关重要,一些学者倾注全力去研究影响快乐的因素。1996年,美国明尼苏达大学的两位研究者对230对双胞胎进行了快乐感的调查。该研究发现,双胞胎对于生活的满足感几乎没有差别,所以,结论是快乐与基因有关,其关联度为44%~52%。然而,这个观点在心理学界和医学界中引起了的争议。目前,被普遍认同的观点是:真正的快乐主要取决于个人对于外部因素的心理反应，即一个人是否快乐终究在于他自己。史蒂芬·柯维被美国《时代杂志》誉为最具影响力的美国作家和顾问，他认为持久的快乐感是源于内心的，其方法是对自己的生活有把控能力并且提升短期目标至更高层次。这一结论对我们是有很大启发意义的，每个人对于所处环境的感受、认识和应对，决定了心中快乐感的强弱。这个原理不但可以帮助我们解释为什么在同一个环境中人们的快乐感会有很大不同，而且也提醒我们要用积极的心态去感知和回应身边的环境。只有这样，才能使自己的心情快乐，才能最大程度地享受生活，达到幸福的生命状态。

三、快乐与不快乐的表现

我们都知道，快乐是一种积极的情感体验，意指一个人的内心正处于非常愉悦和自在的状态。一旦有了这种情感，人在各个方面就会将其表现出来，如在思维、语言、行为上。同样，如果缺乏快乐的情绪或产生了不快乐的情绪，人也会在这些方面反映出来。下面我们把快乐与不快乐的主要表现列举出来，以便读者针对自己目前的状况，进行自我对照与反思。

1. 快乐的表现

（1）对工作和生活充满热情。

当我们与快乐的人在一起的时候，能很明显地看到他们的脸上总是洋溢着轻松、自在的表情，目光中饱含着祥和与从容。无论在工作中还是在生活中，他们总是积极向上、努力进取，对未来充满着美好的憧憬。这样的人总是用快乐来主导自己的情绪。

（2）对生活现状感到知足。

快乐的人有一个突出的特点，那就是满足感很强。他们对于自己的处境、生活的条件乃至拥有的一切，都感到知足。即便在非常平淡的日子里或是遇到不顺心的情况时，他们也从不沮丧，不去怨天尤人，更不会牢骚满腹。快乐之人非常珍惜自己拥有的一切，不会去盲目羡慕别人的生活，并且在生活中常常感恩。

（3）以积极态度享受生活。

快乐的人能够真正安下心来，以积极和健康的态度尽情地享受当下的生活。他们具有敏锐的捕捉快乐的眼睛和耳朵，可以及时看到和不断发掘生活中的美好事物。哪怕是一件点滴小事，他们也能在其中找到乐趣，从自己力所能及的事情中获得快乐。我们发现，快乐的人都很会自娱自乐，能够欣赏自己的优点，过着情感充盈、富有情趣的生活。

（4）给他人带来快乐。

具有快乐感的人，不但能够让自己的情绪愉悦，满怀幸福的感觉，而且还能使周围的人也感到快乐。快乐的情绪有着极强的感染力，当一个人从内到外都处于快乐状态的时候，他会自觉或不自觉地把快乐的情绪传染给别人，使他身边的人也变得快乐起来。我们常常听到有人说，"他/她是咱们的开心果"，指的就是那些能够让大家快乐的人。人群中有了他们，就有了快乐和喜悦的氛围。

2. 不快乐的表现

（1）对生活不满意。

对于目前的生活状态感到不满意，总是说一些带有抱怨情绪的话，是不快乐的人的主要表现。他们习惯于只看事物的负面，总是放大生活中的不利因素，所以心里就会充满许多不满和烦躁的情绪。即便在外人看来各个方面都已经很好了，他们还是会抱怨不够好。"总不满意"的心态使这样的人无法产生快乐的感觉，再多的财富、荣誉、权利和地位也不能阻挡他们的不快乐的情绪。中国人常说"知足者常乐"，只有对生活持满足的态度，感谢生活的赠予，快乐才能永驻心中。

（2）具有消极思维。

不快乐的人常常表现出低沉的情绪状态，无论遇到什么事情都习惯于用消极思维去思考，总是把事情想得很糟糕。因为不能以积极的角度看问题，所以他们感知的生活就缺少希望，没有足够的生气和动力。这种人对待生命中的一切都持悲观的态度，对未来感到担忧甚至惶恐。有较重负面情绪的人还会出现典型的抑郁症状，如长期感到伤感、郁闷、沮丧等；如果到了极端的程度，睡眠就会受到影响，体重减轻，体质下降，甚至产生自杀的念头。

（3）缺乏内驱力。

如果一个人的感知快乐的能力比较差，其自我推动力也会很弱。对于工作和生活等方面的事情，他不会积极、主动地去做，总是需要外力的作用才能完成。其实，他们缺乏内驱力的主要原因就是没有乐观的态度，自信心不强，认为自己没有能力完成各项任务，所以就非常被动，遇到事情能拖就拖。由于自信心较弱，他们还常常因为自己做错了一点小事就产生负罪感，很难原谅自己，长久不能释怀。

（4）社交能力差。

不快乐的人看上去总是不开心，在公众场合他们常常表现得不自然，眼神游离不定，行为举止拘谨，有时甚至非常古怪。除了这些外在的不快乐的表现以外，他们对于人际交往也往往存在着内心的恐惧。在与他人的接触中，他们不能坦诚地交流，更谈不上相互地分享和探讨。由于彼此无法深入地了解，当然就不可能建立和发展良好的关系。大量事例表明，缺乏快乐感的人很难进行社交活动，也极少有相互欣赏和信任的朋友。

四、影响快乐感的心理因素

上面对快乐与不快乐的诸多表现进行了描述，可以使我们对快乐的内涵获得更深入和更具体的理解，同时也能依据那些表现来进行自我观察，判断自己是否快乐或快乐到什么程度。然而，只知道快乐和不快乐的表现，还不足以使我们提升快乐感，还必须认清哪些心理因素会阻挡我们拥有快乐。只有当我们有能力抵御和排除那些不良情绪因素的干扰的时候，快乐才会真正与我们亲密相伴。为此，我们找出了一些常见的破坏快乐感的心理因素，下面对其展开分析。

1. 奢求

奢求是一种脱离现实、过分欲望的心理现象，总想得到那些暂时不能得到甚至不属于自己的东西。人的奢求会指向许多方面，如金钱、物质、权力、地位、荣誉、爱情、友情等。

当人有了某种奢求之后，就会梦寐以求地想要得到某样东西，所有的精神向往都会集中在此。然而，由于持有的欲望不符合客观实际，所以必定是不能实现的。而希望的破灭，就会使人感到非常失望，乃至灰心丧气，怎么也快乐不起来。因此，要想使自己快乐，一定得让心中的愿望具有实现的可能性，通过自己的努力能够达到。

2. 指责

指责这一行为经常发生在人与人的交往之中，也是最常见的引起不愉快的原因。人际交流中的很多问题，如冷淡、反感、生气和愤怒等，都可以追溯到单方面或相互的指责。这种做法经常导致人际关系的破裂，使人与人之间加速对立和促使愤怒情绪的形成。习惯于指责别人的人，总是试图把事情的责任推卸到他人身上，自己却想方设法逃避，不愿承担任何责任。一个人在指责别人的时候，他自己不但没有快乐可言，而且一定是怀有埋怨和气愤情绪的。毫无疑问，经常指责别人的人，肯定是不快乐的人，因为他们的心中只有挑剔和不满。所以，若想快乐，就必须克服指责他人的习惯，在与人接触的过程中，尽量以客观、真诚与友善的态度来相处。即便的确是别人的过错，也要多一些宽容和理解，以正确的方式来交流，不能以敌对的口气予以斥责。

3. 嫉妒

按照《心理学大辞典》的说法，嫉妒是在与他人比较之后，发现自己在才能、名誉、地位或境遇等方面不如别人而产生的一种由羞愧、愤怒、怨恨等组成的复杂情绪。通常，嫉妒被称为"红眼病""吃醋""吃不到葡萄就说葡萄酸"，等等。就内心感受来讲，嫉妒前期会产生由攀比而导致失望的羞怯感，中期则表现为由羞愧到屈辱的心理挫败感，后期则从不服和不满的心理情绪发展到怨恨与憎恨的发泄行为。嫉妒是一种比较复杂的心理现象，它包括焦虑、恐惧、悲哀、羞耻、自咎、消沉、憎恶、敌意、怨恨、报复等不良心理反应。别人的身材、容貌或聪明才智，可能成为嫉妒的对象；其他如荣誉、地位、成就、财产、威望等有关社会评价的各种因素，也容易成为嫉妒的对象。人一旦有了嫉妒心理，注定会远离快乐，如果严重的话，还会掉进痛苦的深渊不能自拔。

4. 抱怨

抱怨也是一种极其负面的情绪，对人的心态有很大影响。具有抱怨心理的人，无论在什么时候都会责怪别人的缺点和不足，对很多事情都会表示不满。由于所看到的都是不尽如人意的事情，所以整天怨天尤人，无法快乐起来。如果一个人在人际交往中怀有这样一种情绪,就很容易使交往的过程充满怨气。

在遇到不顺心的事情时,人应当以正面、建设性的态度去对待,尽量分析事情发生的原因,探讨怎样才能避免可能出现的不良后果,而不应一味地抱怨。抱怨本身不能解决任何问题,只会给自己的心中增添愤怒的情绪。气愤的情绪多了,快乐自然就没有了空间。

最近,国外的神经科学家与心理学家对抱怨进行了研究,在对一些面临各种刺激(包括长时间听到抱怨)的人做了大脑活动分析之后,发现大脑的工作方式有一定的规律。如果让它接收太多的负面信息,便很容易导致当事者按照消极的方式去行事。

5. 担忧

担忧是阻挡快乐的又一条"拦路虎",使人无法与快乐相遇。担忧这个词很容易被理解,指的是忧愁、担心或发愁。唐朝诗人吕岩的《沁园春》很真切地描述了担忧的心绪,其中写道:"火宅牵缠,夜去明来,早晚担忧,奈今日茫然。"这首词非常形象地刻画了具有担忧情绪的人,他们整天忧心忡忡,对这也担心,对那也忧虑,总是没有放松情绪的时候。中国人把这种思维方式叫作"替古人担忧",意思就是总为一些不需要担心的事情而忧虑。因为老是有众多的事情压在心头,使精神过于紧张,所以心情就会始终非常沉重,无法轻松和快乐起来。

诚然,每个人在生活中一定会遇到一些困难和障碍,产生一点担忧的情绪是很自然的。但是,过分的忧虑就会有危害,对于解决问题不但没有任何帮助,反而会适得其反。在绝大多数情况下,过重的心理负担能破坏人对于事物的正常判断,会干扰个人做出正确的决定。因此,即便遇到了较大的困难和险境,也要以镇定的心态去对待。唯一可取的办法是,放松自己的心情,尽最大的努力去解决问题,而不是坐在那里担忧不停。放下了紧张的担忧,人就能变得自在和舒服,更能感受到生活中到处都有的美好与快乐。

6. 憎恨

憎恨是人的非常负面的一种情绪,一般会表现得十分激烈。这种情绪含有厌恶、仇视、憎恶和愤恨等心理反应,源于对某人或某件事情持有极端对立的看法和态度。当人有了憎恨的情绪之后，心里便燃烧起愤怒的火焰。有些时候，一个人对另一个人产生了讨厌或仇恨的心理，便久久不能释怀，牢牢地记在心里。做个形象的比喻，就如心里有了一间牢房一样，把所憎恨的人紧紧地关在里面，永远不把他放出去。如果所厌恶的人和事多了，那么心里就会有大大小小的各种牢房，使人感到极其的沉重。有了这样的感受，快乐当然就无法进入心里，整个人必将终日生活在无尽的愤怒之中。为了改变这样的精神状态，获得真正和永久的快乐，就一定要把心里的牢房都拆掉，把所有的憎恨释放出去。

五、培养快乐感的方法

追求快乐不是一件可有可无的小事，而是一个很崇高的目标。拥有快乐的目的，是使我们能够最大程度地利用在世上生活的时间，让自己活得满意，也使别人更加幸福。

很多相关的研究结果表明，一个人是否快乐与个人因素有着非常密切的关系，如自我尊重、个人控制力、乐观及性格外向等。既然快乐大多依赖于个人因素，那么每个人就应该加强自身的努力，通过不断完善自己来提升快乐感。经过对既有研究结果的分析与归纳，我们建议读者使用如下方法来培养自己的快乐感。

1. 悉心感受快乐

快乐的人容易长寿，而悲观和抑郁的人则相反。生活是多姿多彩的，有无尽的供给快乐的源泉。你的生活可以不奢华，但完全可以有品质、够快乐。你应当用心去发现日常生活中的美好，放大能够让自己感到愉悦的事情和时刻。你要相信，人的感知是可以被自我影响的，常常鼓励自己要快乐，进行亲密的"自我对话"，其结果就会涌现幸福的感觉。不论你的生活看似多么平淡，如果仔细去挖掘，一定会有享受不完的快乐，使你真真切切地感受到生活的美好。

2. 提升生活价值

一个人的生活理念必然影响到个人的价值感，而价值感又会关系到快乐感。所以，让自己活得有意义、更充实，是提升快乐感的重要法宝。在平日里，你可以多找一些有意义的事情去做，例如，在工作中勤奋努力、勇于创新，积极帮助他人解决问题或困难，经常参加一些公益和慈善活动，全面培养自己的综合素质，给自己一些积极的肯定和赞扬，等等。如果能够坚持做这些提高生活品质的事情，你的自我价值感和自信心就会大大地提升，快乐感也会接踵而来、源源不断。

3. 建立良好人际关系

很多心理学家都认为，拥有良好的人际关系，是使一个人感到快乐的一个非常重要的因素。人际关系好的人，他的心情是愉快的，情绪是高涨的；而人际关系较差的人，由于处理不好相互的关系或者很少与人接触，会常常感到不开心，情绪也会变得越来越低沉。因此，你应当重视和经营自己的人际关系，使自己能够与周围的人和睦相处（包括自己的家人），建立和发展健康与持久的关系。在这个过程当中，只要你抱有真诚的态度，付出足够的努力，一定会品尝到与人交往的快乐，也必然会收获更加深厚的亲情和友情。关于如何建立良好的人际关系，我们在本书的第七课中已经做过深入的探讨，你可以结合其中的内容进行学习和实践，进一步提升人际关系的质量。

4. 设定可行的目标

美国情商专家斯坦和布克指出："一个人认知并设定实际可行的目标的能力，是获得快乐的关键。"无论在生活、学习或工作中，你都应该为自己制定一些切实可行的目标，并专注其目标，让自己能够实现预定的目标。美国芝加哥大学心理学教授米哈里·契克森米哈经过长达25年的研究得出这样一条结论，即人的快乐感与注意力的集中度有着密切的关系，而且除非人的注意力非常集中，否则很少会感到快乐。另外，人只有在手头的事情完成之后才会体验到幸福。按照这个原理，如果你全身心地投入自己想要完成的事情当中，并且实现了预定的目标，就会获得更多的快乐感，也能给自己一个非常大的激励。这是因为人在专注于某一目标时，会将个人的精力完全集中在某个活动上，使思想意识达到一个新的高度，在精神上获得了最大的满足，由此便产生了兴奋感和充实感。

5. 积极进行体育锻炼

众所周知，体育锻炼不但可以增强体质，使人精力充沛，更重要的是，体育活动能够帮助人释放负面情绪，减轻心理压力，让人获得如释重负的心理体验。体育医学的研究表明，人在参加体育锻炼的过程中，能够分泌更多的内啡肽，产生愉悦感，从而逐渐卸掉心理负担。在内腓肽的作用下，人的身心处于轻松和愉悦的状态，免疫系统的实力得以强化。内啡肽也被称之为"快感荷尔蒙"或者"年轻荷尔蒙"，这种荷尔蒙可以帮助人保持年轻与快乐的状态。你在平时与人接触当中也能发现，经常参加体育运动的人（分泌较多的内啡肽），绝大多数都具有开朗和乐观的性格。如果你能够坚持体育锻炼，也一定会感到心情非常轻松和快乐。

▶ 课后自我训练 ◀

♥ 在工作、学习和生活中，你应当主动去发现那些使自己真正快乐的事情，并认真思考怎样才能使这种快乐感持续得更久。

♥ 你要仔细想一想，应该如何丰富自己的工作与生活内容，从而使自己感到更加快乐和更有意义。

♥ 你需要排查一下近期自己是否遇到了不愉快的事情，如果存在消极情绪，应当及早采取积极的方法进行自我调节，减轻直至消除不快乐的感觉。

♥ 你应全面分析一下自己的人际关系，是否存在一些问题。如果的确不够理想的话，应该运用恰当的方法加以改善，让自己能够在人际交往中获得更多的快乐。

♥ 从你目前的打算来看，有哪些乐于实现的目标？针对每一个目标的可行性进行分析。对于能够达成的目标，要找出行之有效的方法，并且加以实际的应用。

♥ 你可以根据自己的兴趣和爱好，选择适当的体育或文艺活动，制订一个可行的时间计划，并且坚持进行锻炼和自我练习，从中体验精神的快乐和身体的强健。

参考文献

[1] 孔子. 论语 [M]. 张燕婴, 译. 北京: 中华书局, 2006.

[2] 老子. 道德经 [M]. 陈忠评, 译. 长春: 吉林文史出版社, 2006.

[3] 哈维·得奇道夫. 情商课 [M]. 蒋宗强, 译. 北京: 中国商业出版社, 2012.

[4] 让·德·维莱. 世界名人思想词典 [M]. 施康强, 韩沪麟, 戴正越, 译. 重庆: 重庆出版社, 1998.

[5] 塞万提斯·萨维德拉. 唐·吉可德 [M]. 玄卿, 译. 南昌: 百花洲文艺出版社, 2014.

[6] 杨孝光, 徐励. 每天懂点心理学定律 [M]. 北京: 科学出版社, 2010.

[7] [美] 史蒂文·斯坦, 霍华德·布克. 情商优势——情商与成功 [M]. 陈晶, 顾天天, 译. 北京: 电子工业出版社, 2012.

[8] 孟绍兰. 情绪心理学 [M]. 北京: 北京大学出版社, 2005.

[9] Sroufe, L. *Socioemotional development*. In D. Osofsky (Ed.) *Handbook of Infant Development*. New York: Wiley, 1979.

[10] 阿黛勒·林恩. 情商差异——如何发挥你的情商优势 [M]. 张春强, 张婷婷, 译. 北京: 电子工业出版社, 2012.

[11] Bar-On, R. *The Bar-On model of emotional-social intelligence (ESI)*. Psicothema, 2006, 18, supl.: 13—25.

[12] 高玉祥. 健全人格及其塑造 [M]. 北京: 北京师范大学出版社, 1997.

[13] 韩永昌. 心理学 [M]. 上海: 华东师范大学出版社, 2001.

[14] 玛希雅·休斯, 詹姆斯·布拉德福德·特勒尔. 情商培养与训练——65种活动提高你的情商 [M]. 赵雪, 赵嘉星, 译. 北京: 电子工业出版

社，2012.

[15] 乔纳森·布朗. 自我 [M]. 陈浩莺等，译. 彭凯评，审校. 北京：人民邮电出版社，2004.

[16] Rosenberg, M J. *Society and the adolescent self-image*. Princeton, NJ：Princeton University Press，1965.

[17] Maslow, A H. *Motivation and personality*. New York：Harper&Row, Publishers, Inc，1954.

[18] 米哈里·契克森米哈融. 幸福的真意 [M]. 张定绮，译. 北京：中信出版社，2009.

[19] 魏红亮. 名人背后多少失败 [M]. 北京：北京市外文音像出版社，2007.

[20] 克里斯汀·韦尔丁. EQ情商 [M]. 尧俊芳，译. 天津：天津教育出版社，2011.

[21] 蔡敏. 青年恋爱心理学 [M]. 北京：北京大学出版社，2013.

[22] 芭芭拉·安吉丽思. 你该知道的真爱秘密 [M]. 钱基莲，译. 北京：华文出版社，2010.

[23] 勒斯·帕罗特，莱斯利·帕罗特. 让婚姻赢在起跑点 [M]. 文洁，王醴颉，译. 南昌：江西人民出版社，2009.

[24] 迭朗善译. 摩奴法典 [M]. 马香雪，转译. 北京：商务印书馆，1982.

[25] 周国平. 内在的从容 [M]. 北京：作家出版社，2013.

[26] 莎伦·布雷姆，等. 亲密关系 [M]. 郭辉，肖斌，刘煜，译. 北京：人民邮电出版社，2005.

[27] 斯蒂芬·科维. 高效能人士的七个习惯 [M]. 高新勇，王亦兵，葛雪蕾，译. 北京：中国青年出版社，2010.

[28] 梅里亚姆－韦伯斯特公司. 韦氏高级英语辞典 [M]. 北京：中国大百科全书出版社，2010.

[29] Wood, R., Tolley, H.. 情商测试 [M]. 李小青，译. 北京：中国轻工业出版社，2007.

[30] 周增文. 肢体语言的心理秘密 [M]. 北京：北京翰林文轩文化传播有限公司，2008.

[31] 丹尼尔·戈尔曼. 情商3：影响你一生的工作情商 [M]. 葛文婷，译.

北京：中信出版社，2013.

[32] 丹尼尔·戈尔曼. 情商：为什么情商比智商更重要 [M]. 杨春晓，译. 北京：中信出版社，2010.

[33] 马可·奥勒留等. 沉思录——三位古罗马先贤的人生哲思 [M]. 盛乐，舟东编. 北京：新世界出版社，2012.

[34] 凯利·麦格尼格尔. 自控力 [M]. 王岑卉，译. 北京：印刷工业出版社，2012.

[35] 世界经理人. 策略灵活性助企业一路领先 [EB/OL]. http://www.ceconline.com/strategy/ma/8800052816/01/，2015-1-29.

[36] 拿破仑·希尔，朱迪思·威廉森. 成功人士的52堂课 [M]. 陈荣生，译. 北京：中信出版社，2009.

[37] 马丁·塞林格曼. 持续的幸福 [M]. 赵昱鲲，译. 杭州：浙江人民出报社，2012.

[38] 泰勒·本-沙哈尔. 幸福的方法 [M]. 汪冰，刘骏杰，译. 北京：中信出版社，2013.

[39] 管林初，等. 生理心理学辞典（心理学大辞典）[M]. 上海：上海教育出版社，2005.